レンガの館
コミュニティーホール
(ザ・タワーシティ集会室)
SAPPORO 76.2 FM
三角山放送局
FM76.2MHz

はじめに

この本の企画は、三角山放送局の創業者・木原くみこが「ＡＬＳのたわごと」でパーソナリティを務める米沢和也さんの取り組みについて、活字にまとめたいという思いからはじまりました。ちょうど開局20年の節目でもあり、編集をお願いした亜璃西社の和田由美さんから、三角山放送局の20年史も加えてみてはどうか、とのご助言をいただき出版準備に入ったのが、２０１８年夏の終わりでした。

以下、本書の出版にあたって、木原くみこが記した文章を転載します。

みなさまに支えられ、三角山放送局は２０１８年4月1日に開局20周年を迎えることができました。心より御礼申し上げます。これを機に、このたび弊社初の出版に挑戦することを決断いたしました。タイトルは「読むラジオ」。日々放送しているラジオ番組を読み物にすることで、新たな発見が生まれるのではないかという試みでもあります。

内容は、障がいのある人々と共に歩いた三角山放送局20年の軌跡です。特に現在の活動の中から、番組「ＡＬＳのたわごと」の4年に渡る奇跡的な放送活動を、「読むラジオ」として再編します。そして、三角山放送局を支える約１５０名の出演者を、「パーソナリティ名鑑」として紹介していきます。書店や通販でも発売し、一人でも多くの方に読んでいただけるよう準備しております。

「ＡＬＳのたわごと」がどのようにして作られているのか――。ラジオ番組を続けるにあたり、たくさんの方々のサポートをいただいていることへの感謝を込めて、世界中のＡＬＳ関係者にこの活動を知っていただきたいと考えたのです。もちろん、そこには米沢さんの病への向き合い方を広くお伝えしたいという思いがありました。

打ち合わせの中で開局当時の話が出ると、苦労した出来事やピンチの連続ばかりが思い出されます。コンサートイベントで大赤字を出した開局年のエピソードも〝緑の芝生事件〟などと笑って話し、「開局した98年前後は、その準備が大変で一つひとつのイベントに目が届かなったのよねえ」などと、振り返っていました。

２０１９年１月２日、木原くみこは闘病の末、67歳で亡くなりました。輸血のため、２０１８年11月６日に入院し病状が悪化、年を越した後に帰らぬ人となりました。この本には、入院の前日11月５日に撮影した木原くみこの写真や、インタビューの様子が収められています。３日間でまた戻ってくるはずだった木原の笑顔が弾けています。

20年を振り返りながら感じるのは、木原が作った三角山放送局は、たくさんの方々に育てていただき、なんとか成人を迎えられたのだなあ、ということです。

古くから応援いただいている方も、今初めて三角山放送局を知った方も、みなさまに感謝を込めて、この本を届けられることを嬉しく思います。そして、完成を心待ちにしていた木原くみこに、この本を捧げます。

令和元年６月末日

㈱らむれす　三角山放送局社長　杉澤洋輝

三角山放送局

読むラジオ

いっしょに、ねっ！
開局 20 年のキセキ

らむれす 編著

2019 年 7 月 9 日　第 1 刷発行

三角山放送局（株式会社らむれす）
杉澤洋輝
田島美穂
割野雄太
伊藤駿介
山形 翼
渡辺望未

表紙・本文デザイン
江畑菜恵（es-design）

編集・執筆
葛西麻衣子（しちりん舎）
亜璃西社

撮影
亀畑清隆

イラスト
ミヤザキメグ

編集人
井上 哲

発行人
和田由美

発行所
株式会社亜璃西社
札幌市中央区南 2 条西 5 丁目 6-7-701
TEL 011・221・5396
FAX 011・221・5386
URL http://www.alicesha.co.jp/

印刷
株式会社アイワード

contents

１９９８年、三角山のふもとに広がる琴似エリアで
小さなコミュニティ放送局が産声を上げました。
「いっしょに、ねっ！」の精神を胸に、
地域に密着した番組づくりを続け、
みなさんの温かいご支援を受けながら、
２０１８年には開局20周年を迎えることができました。

そんな20年に及ぶわたしたちの歩みを、
みなさんへの感謝の気持ちを込めて
一冊にまとめたのが本書「読むラジオ」です。

これまでの歩みを振り返りながら、
新しい時代に向けて
想いも新たに三角山放送局は歩き始めます。

三角山放送局の一日って？

コミュニティFMのスタッフ、どんな一日を過ごしているの？

入社4年目の制作スタッフ
山形 翼の場合

8:00a.m
出社、放送スタンバイ

グリーンシーズンは西区西野から自転車で颯爽と出社する。開錠し、入り口の看板を「OPEN」に。新聞チェック、原稿読み、選曲などの放送準備を整える。

9:00a.m
生放送

毎週火曜はパーソナリティを担当する朝のワイド番組「トーク in クローゼット」の生放送。トークはもちろん、曲出し、ゲスト対応、時間配分まで、すべて一人でこなす。

12:00p.m
ランチ

普段は事務所か、収録がある日はスタジオ横のコミュニティホールで。実家住まいなので、母の手作り弁当が多いが、スポンサーの飲食店でランチを食べることもある。

1:00p.m

収録

ディレクターとして音楽番組全般を担当。パーソナリティとの打ち合わせから、収録中は曲出しのタイミング、ブース内にいるパーソナリティへの指示、キュー出しなどを行う。

2:00p.m

編集

収録した音源を基に、BGMやトーク音量を調整しながら番組時間に合わせて編集する。らむれすの事務所内にある編集スタジオにこもり、一人で黙々と行う、地味な作業だ。

3:00p.m

営業

三角山放送局が発行している地域密着情報誌「マガジン762」のスポンサー回りへ。近況情報を伺いながら、次号の広告の打ち合わせなどを行う。

4:00p.m

取材

番組や「マガジン762」の担当コーナーの情報収集をするため取材へ向かう。小学校や福祉作業所、地域の商店などなど。木曜は北海道コンサドーレ札幌の選手インタビューも担当する。

5:00p.m

事務仕事

取材した情報をまとめ、パソコンで原稿を書くなどのデスクワーク。日中はスタジオや外回りの仕事がメインなので、事務仕事は一日の締めくくりに集中して行うことが多い。

01

三角山放送局の基礎知識

三角山放送局ができるまで

インタビュー

木原くみこ

(株)らむれす 取締役

ラジオ草創期に生まれ ラジオといっしょに育つ

私が生まれたのは「電波の日」が制定された1951（昭和26）年。まさに日本のラジオ、テレビの草創期に生まれ、その発展とともに育ってきた世代です。物心付いた時からラジオはいつもそばにある〝友〟で、ものすごく影響を受けました。

短大卒業後、「ラジオの仕事がしたい！」とSTV（札幌テレビ放送）へ入社したのですが、予想外の秘書課へ配属されちゃって。大事な取り次ぎの電話を間違って切ってしまったり（笑）と失敗が多く、自分にこの仕事は向かないなぁと悶々と過ごしていました。でも、クヨクヨせずにまずは行動しようと、人事課へ通い、「ラジオの仕事をさせてください」と猛アピールを続けました。するとちょうどラジオ局のレコード室に空きができ、スッと入れてもらえたんです。このチャンスがなければ、ラジオと歩む人生は得られなかったと思いますね。

それからはラジオ制作一筋に打ち込んで20年。1990（平成2）年にディレクターとして制作を手掛けた「絆～みちよの青春～」というドキュメンタリー番組で翌年、ギャラクシー優秀賞など4つの賞をいただき、「もうできることはやり切った…」と思って、STVを退社しました。

退職時、「これからは、もっとやりたいことをやります」と言ったら、上司に「お前が一番やりたいことをやっていたじゃないか」と言われましたけど（笑）。

ラジオの原点を求めて 開局の夢に挑む

独立後は、ラジオ番組、イベント・コンサートの制作会社「らむ

放送中

放送中
飲酒運転
北海道日産
Seicomart
TOHO
東邦交通株式会社
生鮮市場
稚内しんきん

郵便はがき

62円切手
を貼って
投函して
下さい

0 6 0-8 6 3 7

札幌市中央区南2西5
メゾン本府7F
㈱亜璃西《ありす》社

『三角山放送局 読むラジオ』編集部 行

■芳名《ふりがな》

（　　才）
男・女

■ご住所〈〒　　－　　〉

■メールアドレス：

■ご職業

■今までに亜璃西社の単行本を読んだことがありますか
①ある（書名：　　）
②ない

19.7

『三角山放送局 読むラジオ』愛読者カード

ご購読ありがとうございました。お手数ですが、下記のアンケートにお答えの上、恐れ入りますが切手を貼ってご投函下さるようお願い致します。なお、お送りいただいた方の中から、抽選により図書カードをプレゼント致します。

■お買い上げの書店

◉書店：地区（　　　　　　　）店名（　　　　　　　　　　）

◉ネット書店：店名（　　　　　　　　　　　　　　　　　　）

■お買い上げの動機

①テーマへの興味　②著者への関心　③装幀が気に入って

④その他（　　　　　　　　　　　　　　　　　　　　　　）

■本書に対するご感想・ご意見をお聞かせ下さい

■今後、どのような本ができたら購入したいと思いますか

ご購読、およびご協力ありがとうございます。このカードは、当社出版物の企画の参考とさせていただくとともに、新刊等のご案内に利用させていただきます。

れす」を立ち上げ、仕事は順調で経営も安定していたのですが、いつもどこかで〝ラジオの原点〟を求めている自分がいたんですよね。

その根っこは、40年ほど前、ロンドンのケンジントン公園で目の当たりにした「スピーカーズ・コーナー」。日曜日の午後、いろんな人たちが持参した箱や脚立の上に立って、熱弁を振るう。誰もが言いたいことを自由に主張できる場なんです。この光景を見た時、「あぁ、これこそ私が思っているラジオの原点だ」と心が震えました。

1992（平成4）年、放送法施行規則等の改正による規制緩和で、コミュニティ放送が制度化され、全国で続々とコミュニティ放送局が生まれていました。「これなら自分たちのやりたいことができるかも！」と、コミュニティ放送局の開設の方法を聞きに北海道電気通信監理局（現・北海道総合通信局）へ行きました。ところが、女性が一人で来たのは初めてのケースだったみたいで、最初は「はい、これ読んでみてください」ってパンフレットを渡されて終わり（笑）。めげずに何度も足を運ぶうちに「この人、本気なんだ」と思ってくれたみたいで、親身に相談に乗ってくれて。開局を迎えた時は、みなさんでホントに祝福してくださいました。

開局するために一番苦労したのは資金集め。ちょうど拓銀（北海道拓殖銀行）が破たんし、北海道経済が大混乱している時代でした。何の後ろ盾もなく、まだまだ知られていなかったコミュニティ放送局を開設するという話に資金を出してくれる人なんかいませんでしたから。当時、杉澤くん（現・代表取締役社長）に「何とかなるよね」って言ったら、「何とかなりますよ！」と応えてくれたのに、後で聞いたら「あの時は、ホントにやると思っていなかったですから」と（笑）。今振り返ると、なんて無謀だったのだろうと思います。

三角山放送局は誰もが自由に語れる場

開局にあたって何度も会議を重ね、今も三角山放送局の軸となっている3つの指針を立てました。伝えたいことのある人がマイクの前に座ること、社会的少数者の声を切り捨てず、積極的に発信していくこと、放送で嘘をつかないこと。誰もが思いの丈を語れる場所にしよう。「いっしょに、ねっ！」というステーションコンセプトには、そんな思いが詰まっています。

メディアで紹介されることの少ない、障がいのある人や性的少数者の声。彼らの声を特番ではなくレギュラー番組で伝えたいと思いました。ラジオは〝暮らしのメディア〟。話す人それぞれの日常を定期的に伝えることが、人に寄り添うラジオの姿であると考えたからです。

開局後、これぞ三角山放送局！と実感できたのが、２００１（平成13）年、９・11アメリカ同時多発テロ事件が起きた時のこと。私は放送局としてコメントを用意すべきか、正直おろおろしていたのですが、翌朝の放送をじっと聞いていると、パーソナリティ一人一人が素直に自分の思いを語り、ある人は反戦歌を延々とかけ続け…。淡々と自分の番組を遂行する姿に、思わず胸が熱くなりました。

開局10周年特番の放送にて（2008年）

この地域に根付き、この地域から日常を発信し、みんながここに聞きに来る――。そんなラジオ局でありたい。そして、パーソナリティのみなさんが三角山放送局で話すことが楽しいと思い、誇りに感じていただけるように、その舞台を守り続けることが、私たちの使命だと思っています。

開局後、デスクの引き出しの奥から、一枚のキリヌキが出てきました。それは「コミュニティ放送いよいよ始動」という、日本第1号となるコミュニティ放送局の開局を伝える新聞記事でした。すっかり忘れていたのですが、その頃から私は、すでにラジオ局を持つことを熱望していたのかもしれません。

木原くみこ（きはら・くみこ）

１９５１年生まれ。札幌と大阪で育ち、藤女子短期大学国文科卒業後、ＳＴＶ札幌テレビ放送に入社。１９９１年ＳＴＶを退社し、「株式会社らむれす」を設立して社長に就任、ラジオ番組の制作や「廃校コンサート」など地域のイベント制作に活躍。１９９８年「三角山放送局」開局（２００８年より会長）。コミュニティFM「ラジオニセコ」の開局に携わり、局長を務める（２０１３年より相談役）。また、北海道の高校放送作品コンクールの審査員を毎年務めたほか、２０１３年からは日本民間放送連盟賞の審査員も務めた。ラジオ制作ディレクターとして手掛けた番組は、日本民間放送連盟賞優秀賞、ギャラクシー優秀賞、芸術作品賞、放送文化基金賞優秀賞など多数の栄誉に輝く。２０１９年１月２日逝去（享年67）。

コミュニティ放送って何?

1992年に制度化された超短波放送(FM)用周波数(VHF76.0～90.0MHz)を使用する放送のこと。最大出力は20Wですが、放送エリア内外で電波干渉のない地域では、特例として限度を上回る出力が認可されるケースもあり、例えば稚内市の「FMわっぴ～」は、2012年3月に50Wへ増力しました。

FMを使用する特定地上基幹放送事業者は「県域放送」と「コミュニティ放送」に区分されます。後者は放送エリアが地域(市町村単位)に限定されるため、地域の商業、行政情報や独自の地元情報に特化し、地域活性化に役立つ放送を目指していることが特徴です。

放送エリアに相応した営業エリアの狭さをカバーするため、地区ごと、全国での共同営業に取り組むほか、使命ともいえる防災・災害放送では、地域と緊密な連携を保つなど、様々な問題に放送を通して貢献しています。

設立基準の規制緩和が進み、法人格を持つ起業者(規模の大小は問わない)を始め、組合など団体でも開局可能で、放送義務は小規模事業者でも運営できるよう「県域放送」に比べて緩やかです。全国には326局のコミュニティ放送局があります(2019年4月現在)。

3つのキーワード

地域密着性

マスメディアと違い、市区町村を基盤とするコミュニティ放送では、地元で開催されるイベントの情報や、地域のピンポイントな天気予報など、より地域に密着したローカル情報の発信が可能。ラジオを通じた地域活性化も期待されています。

市民参加

設立基準が緩和されているコミュニティ放送では、小さな民間企業やNPO法人でも運営が可能です。そのため、地域住民が自ら主体となって情報を発信する、市民参加型のラジオ局も多く、パーソナリティから取材記者、ミキサーなど、放送にかかわる様々な業務で、ボランティアの市民が活躍しています。

防災・災害情報

1995年の阪神・淡路大震災では、被災地域に住む外国人を対象にしたコミュニティ放送局が開設され、災害情報の提供に大きな役割を果たしました。放送エリアの狭いコミュニティ放送は、大きな放送局では伝え切れない、地域住民にとって身近で役立つ情報を発信するライフラインとして、重要な役割を担っています。

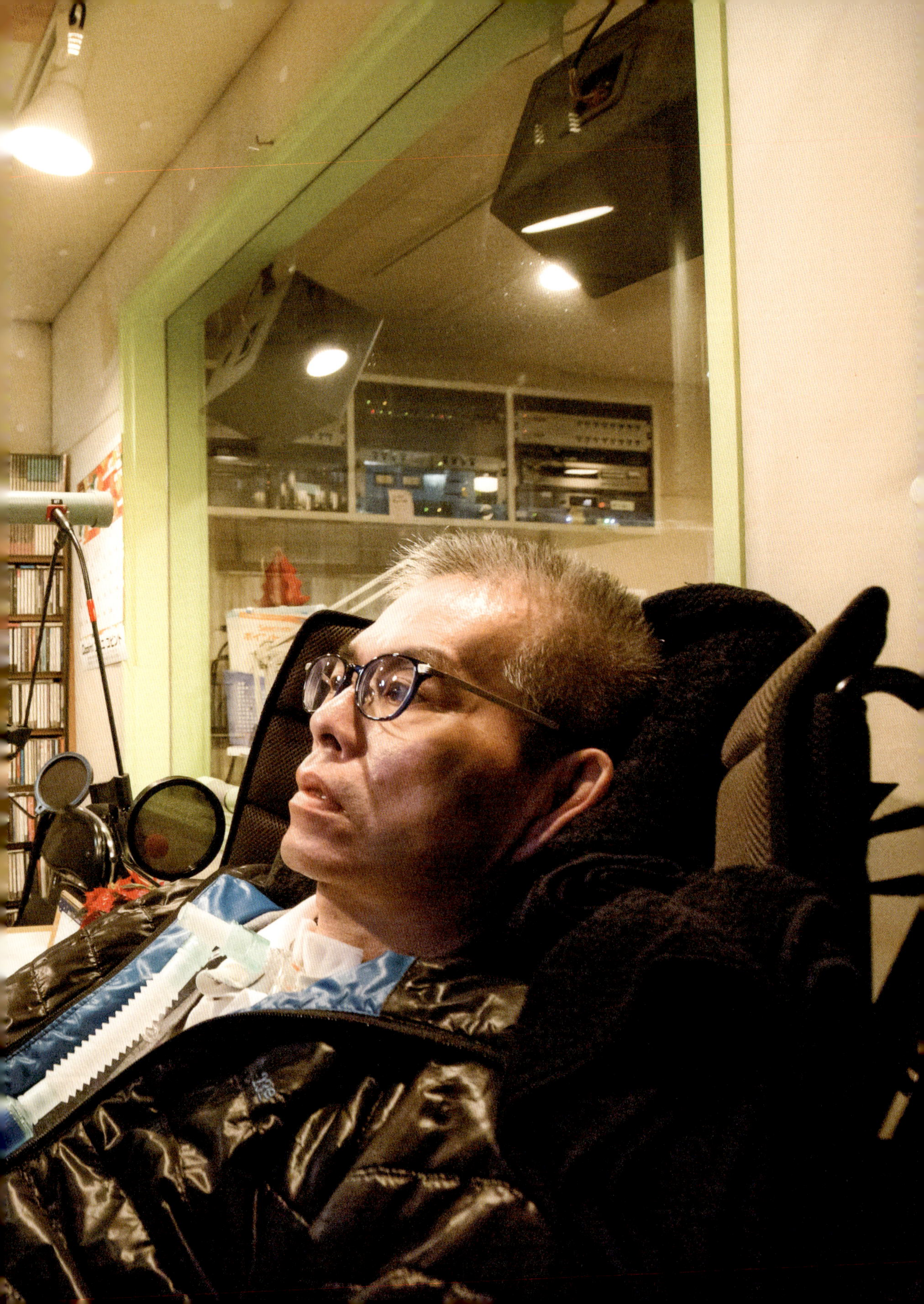

02

声を失っても、ラジオを続けたい

ALSのパーソナリティの挑戦を綴った「読むラジオ」

社会に埋もれそうな小さな声こそ、大切にしたい

「私たち三角山放送局の出演者、並びにスタッフ一同は〝いっしょに、ねっ！〟の精神にのっとり、小さな声、弱い声を大切にし、信じられる放送局を作っていく決意を、今、新たにしております（中略）。そして、どうぞあなたもマイクの前であなたの思いを、話して下さい。お待ちしております」（開局宣言より）

　三角山放送局は、社会があまり目を向けていない、ともすれば埋もれてしまいがちな少数派の人々の声を大切にしてきました。全国でも稀な障がいを持った方々のレギュラー番組や、障がいのある人も使える放送機器の開発、車イスで入れる段差のないスタジオの実現など、関係者によるご支援ご協力のおかげで、木原くみこが思い描いたラジオの姿が形になりつつあります。

　なかでも、レギュラー番組「ＡＬＳのたわごと」のパーソナリティを務める米沢和也さんは、国が指定する難病である「ＡＬＳ（筋萎縮性《きんいしゅくせい》側索硬化症《そくさくこうかしょう》）」と闘いながら、放送を続けています。

　ＡＬＳは、運動をつかさどる神経が障害を受けて、手足や呼吸器など全身の筋肉の力がなくなっていく難病。原因は不明で根本的な治療法や予防法はないといわれています。症状が軽くなることはなく、病気になって2〜5年で呼吸筋が侵され、呼吸不全で死亡する例が多いのです。厚生労働省によると、２０１７年度末時点で、国から医療費の助成を受けている患者は、全国で９６３６名に上ります。

　米沢さんがパーソナリティになったきっかけは、三角山放送局の番組にゲスト出演したことでした。病状が進み、声が出なくなった後も、患者がパソコンで入力した文章を、自分の声で再生できるパソコンソフトの利用者として、使い心地などを話したことをきっかけに、木原くみこが声を掛けました。

　米沢さんは「まだＡＬＳの認知度は低い。患者の思いを伝えるのも使命」と承諾。２０１５年６月から番組がスタートしました。

　番組内で米沢さんは、ＡＬＳという診断を下された時の心境から、家族への思い、葛藤、病気とどう向き合い、生きていくかを、赤裸々に語っています。

　これから続くページは、そんな前代未聞の米沢さんの挑戦の記録をまとめた三角山放送局の番組を、文字としてよみがえらせた〝読むラジオ〟です。

ALSと闘いながら
悩みを語り、エールを送る
前代未聞のラジオ番組

三角山放送局制作

声を失ってもラジオを続けたい

～ALSのパーソナリティ米沢和也さんの挑戦～

＊2017年2月3日放送分を再録

♪三角山放送局のジングル

米沢　こんにちは米沢和也です。

ナレーション（以下Na）　この声は、三角山放送局のパーソナリティ米沢和也さんの声です。米沢さんは、ALSの患者で、現在は声を出すことはできません。でも、米沢さんは今も放送を続けています。これは「声を失ってもラジオを続けたい」と考えた、米沢和也さんの挑戦の記録です。進行は三角山放送局、木原くみこが担当します。

♪テーマミュージック～BGM

■タイトルコール

三角山放送局制作「声を失ってもラジオを続けたい～ALSのパーソナリティ米沢和也さんの挑戦～」

Na　三角山放送局のパーソナリティ米沢和也さん。昭和33年生まれ、58歳。2013年に「ALS（筋萎縮性側索硬化症）」を発症しました。ALSは全身の筋肉が徐々に動かなくなる難病です。米沢さんの番組「ALSのたわごと」は、2015年6月にスタートしました。まずは、その第1回目の放送を聞いてみましょう。初回ですので、ちょっと緊張気味です。

音楽が大好きな米沢和也さん。ALS発症前はアコースティック・ギターが趣味だった

「声を失ってもラジオを続けたい
～ALSのパーソナリティ
米沢和也さんの挑戦～」

制作:三角山放送局

放送日は2017年2月3日。画像付きファイルは三角山放送局のホームページのほか、YouTubeでも視聴できる

米沢　こんにちは。今日からこの時間にお話しすることになりました米沢和也です。

佐藤　米沢さんのお手伝いをしている「iCareほっかいどう」の佐藤美由紀です。よろしくお願いします。

米沢　よろしくお願いします。私は先月の5月14日に、一度ここでお話しさせていただく機会がありまして、また引き続き今月もさせていただくことになりました。なにせALSという病気にかかっておりますので、舌がだいぶ衰えてきたのと、口の周りの筋肉もちょっと衰えてきていますので、始める前から悪いんですけど、滑舌が非常に悪くてですね。聞き取りにくい場合があるかと思いますが、どうかご容赦ください。話し方もちょっとゆっくりのペースになりますけれども、その辺もどうかご容赦いただければと思います。どうぞよろしくお願いします。

Na　ALSは全身の運動神経が侵され、身体のほとんどの部位が動かせなくなります。始めは部分的に起こり、次第に進行して全身に現れます。ただし、知覚神経、つまり熱さ冷たさ痛みかゆみや、意識や知能は正常に保たれます。

米沢　一番困るのは、脳と内臓は元気なまま、他が全部ダメになること。これがどういう順番で悪くなっていくかわからないし。僕の場合はまだ足が動くだけましですよね、ホントに。滑舌は悪いけどまだ声が出るのでいいですけど、ほとんどの人が寝たきりになってしまいますね。だいたい2、3年で悪くなってしまって、声が出なくなってしまう人もいますし、相手にどうやって意思を伝えるかが非常に難しくなってくるんですよ。僕の経験上、部位にもよるんですけど、発症

佐藤美由紀さんは「iCare ほっかいどう」で、難病患者や障がい者を支援している

「ALS のたわごと」の 1 回目の放送は 2015 年 6 月 27 日。毎月 1 回 1 時間の番組を担当

して1か月くらいで動かなくなってしまう筋肉もあるんですね。今、僕は手が上がらないもので、もう車の運転ができないんですけど、予想はしていても、現実になってくると、もう慌てふためくしかないですよ。その時はね。でも、だんだん受け入れていくんですけどね。

「失くしたものを数えるよりも、あるものを最大限に生かせ」というある方の言葉があって、失くしたものを悲しむよりも、今あるものに感謝をしなさいということだと思うんです。まぁそれしかないなと思いました。言うことは簡単ですけどね。なかなかそう思えなくて困りましたけど、現実は…。

Na 「いつどの部分が動かなくなるかわからない」という恐怖と闘っているはずの米沢さんですが、番組はとても明るく進行します。

佐藤 この時間は、米沢和也の担当で「ALSのたわごと」をお送りしています。

米沢 先ほどALSのことについてお話ししましたが、いろいろなことがあり過ぎて、いくら話してもキリがないんですよね。毎日毎日できることが少なくなっていって、自分でも予想だにしていないことが起こるんです。例えば、両手が動かないと体のバランスが取れない。フラフラしちゃって転びやすくなるんです。人間って、両手を広げることでバランスを取っているんだなぁと実感しましたね。あと、首の筋肉も弱っているので、頭をしっかり固定できないから、気持ちが悪くなっちゃう。今年3月に、冥土のみやげにと思って(笑)、大阪のUSJ(ユニバーサル・スタジオ・ジャパン)に行ったんですけど、ハリー・ポッターのアトラクションに乗ったら、グォッ~~~!と動きが激しくて、頭がフラフラするもん

番組では、リスナーから届くメッセージを紹介するほか、ゲストを招いてトークすることも

パーソナリティになったのは、三角山放送局の番組にゲスト出演したことがきっかけだった

だから酔って気持ち悪くなっちゃいましてね。

佐藤　それは冥土のみやげにしては激し過ぎましたね（笑）。

Na　ALSの症状が進むと、手や足をはじめ身体の自由が利かなくなり、発病して3年から5年で症状が全身におよび、全介護の状態になります。また、呼吸機能に障害が出てきたら呼吸補助装置や人工呼吸器などを装着するための措置が必要になります。いわゆる延命措置です。このことについて米沢さんはどう考えているのか、お聞きしました。

米沢　発症してから人工呼吸器を付けるまでは多少時間がありますから、さまざまなALS患者さんの病状を見ます。だいたい寝たきりになって、人工呼吸器を装着する段階では、全身が動かない状態になっている場合が多いんですよね。さらに症状が進むと、まぶたも、手足の指先も動かなくなって、自分の意思がまったく伝えられなくなる。土に埋められた真っ暗い棺桶の中に一人でぽつんといて、だれも何も聞いてくれないような状態。これは凄まじい恐怖ですよ。そんな恐怖の状態に耐えられないと思うんですよね。最終的にそんな状態になってしまう。それまでにいい薬が開発されるとよいのですが、今の日本の現状ではかなり難しい。そんな状況を考えた上で、最後まで〝自分らしく〟生きたいと思いました。何とかまだ自分の意思を相手に伝えられる状態のままで命を終えたい、と。高齢の患者さんの中には、これ以上、長く生きても…と呼吸器を付けない方もいるようですが、若い方はほとんどが呼吸器を選択します。とはいえ、呼吸器を付ける人は、ALS患者全体のたった3割ほど。北海道では1割ほどしかいません。呼

人工呼吸器を付けて生きるか、それとも付けないか——。葛藤の日々を過ごした

番組は、米沢さんと佐藤さんのユーモアあふれる掛け合いで、明るく進行していく

吸器を付けずに、そのまま亡くなる人が多いのが現状です。経済的な理由や介護環境などもあるかもしれませんが、呼吸器を付けたその後の恐怖というものも大きいと思います。

　僕も実はそう思うんですよね。呼吸器を付けて、人であるのだろうか、と。正直、そう思うこともあります。一度、呼吸器を付けると、全く動けなくなった時に、自分で外すことができませんから。自分の意思では判断できず、自然に死ぬまで決して外せない。そこが怖いと思いますね。

Na　呼吸器を付けて生きるか、それとも付けないか。番組の相方、佐藤美由紀さんにも聞きました。佐藤さんはNPO「iCareほっかいどう」で、手足を動かせず、声を出すことができない方々への支援をしています。

佐藤　「ロックドイン」という閉じ込め症候群と呼ばれる、意思を表出できなくなる症状がありまして、全員がなるわけではないんですが、今、関わっている中でも3名いらっしゃいます。意思を表出できない状態なので表に出る反応は全くないんですけれど、ご家族の方は毎日すごく一所懸命話しかけていらっしゃいます。私の父も亡くなる寸前は、そのような状態で、母も今、それに近い状態なんですが、私は生きてくれていることに価値がある、生きていて欲しい！と思いますし、「きっとこう答えてくれているんだろうな」と想像しながら、いつも話しかけています。米沢さんがそういう状態を恐れる気持ちはすごくよくわかりますし、私自身もすごく怖いです。でも、それを恐れたまま生きて欲しくない。生きていて欲しいと思う人が周りにいることを忘れないで欲しいなと思います。

優しい語り口で番組をサポートする佐藤さん。札幌チャレンジドの立ち上げにも関わった

「ALS のたわごと」を収録している三角山放送局のスタジオ。棚にはCD がぎっしり並ぶ

Na　呼吸器を付けて生きるか、それとも付けないか。このことを米沢さんのご家族はどう思っているのでしょう?

米沢　妻とはだいぶ前に話をして、呼吸器は付けない方向でお互いに考えています。呼吸器を付けて十何年生きたとしても、その分、迷惑をかけ続けてしまうわけですから。ある意味、人生を奪ってしまうことになる。こういう言い方はおかしいかもしれないけど、家族でも妻はもともと他人ですから。逆に他人のためにこれだけ努力してくれるのは、なかなかできないことですよ。それだけに、動けなくなった他人のために縛り付けるのはどうかと思うんです。血のつながった親でさえ申し訳ないと思いますから。それはもう、この病気になった時点で仕方がないと思います。病気と向き合って天命に任せるしかないなと。

Na　奥さんは看護師で、早いうちに米沢さんの異変に気付き、神経内科に行くように勧めたそうです。

米沢　ALSの場合、病名がわからず2年くらい、いろんな病院を転々とすることが多いのですが、僕は妻のお陰で早期発見ができ、ラッキーでした。その分、覚悟も早くできたので、感謝しています。診断を聞く時は妻も一緒にいたんですが、泣いていましたね。僕よりは覚悟が早かったみたいで、やっぱり女は男より強いなと思いました。ただ申し訳ないと思うのは「ありがとう」がなかなか言えなくて。

Na　「ラジオは声が出るうちはやるよ」と言っていた米沢さんでしたが、半年

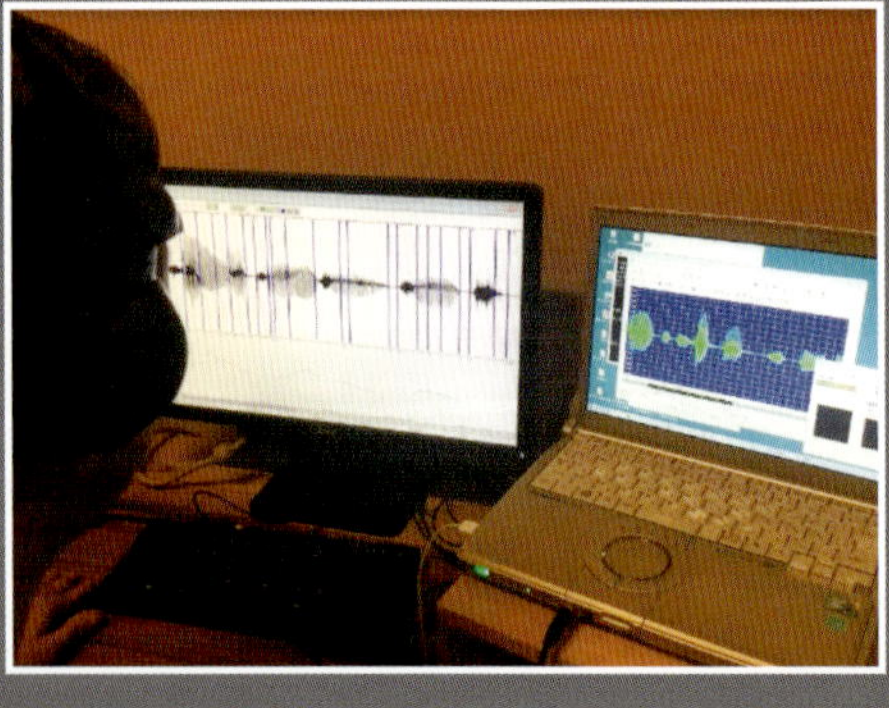

録音した声を基に話し方の特徴を分析し、その人の話し方に最も近い音で再生される

ボイスターの開発者である渡辺聡さんとの出会いが、ラジオを続けるきっかけになった

経った辺りからおしゃべりがだんだん辛そうになってきました。そんな時、あるフォーラムで渡辺聡さんに出会います。渡辺さんは声を失った人が、自分の残した声で意思を伝達するシステム「ボイスター」の開発者でした。ロボットのような声ではなく、自分の声で意思が伝えられる装置です。時間はありませんでした。東京から渡辺さんたちが札幌に来て、三角山放送局のスタジオで米沢さんの声を残す作業が始まりました。

■録音風景

渡辺　はい、お願いします。Aの1番から。

米沢　あらゆる現実をねじ曲げたのだ。ニューヨークを取材した。パソコンゲームをして遊ぶ。物価変動の給付額を決める。

渡辺　じゃあこの調子で、どんどん進めて行ってよいでしょうか？　はい。111〜140までが一つの区切りなので、問題なければそこまで続けていきましょう。

米沢　自然の研究者はありのままを伝える。

Na　3か月後、米沢さんの声を使った意思伝達装置が完成しました。私たちは〝ボイスター米沢さん〟と呼んでいます。お聴きください。

ボイスター米沢（以下Vo米沢）　こんにちは、米沢和也です。今日も「ALSのたわごと」を聞いて下さりありがとうございます。よろしく最後までお聴きください。この文章はボイスターという声のソフトを使っています。

最大限の声の組み合わせをカバーする文章を読んで録音し、音声データベースを作成する

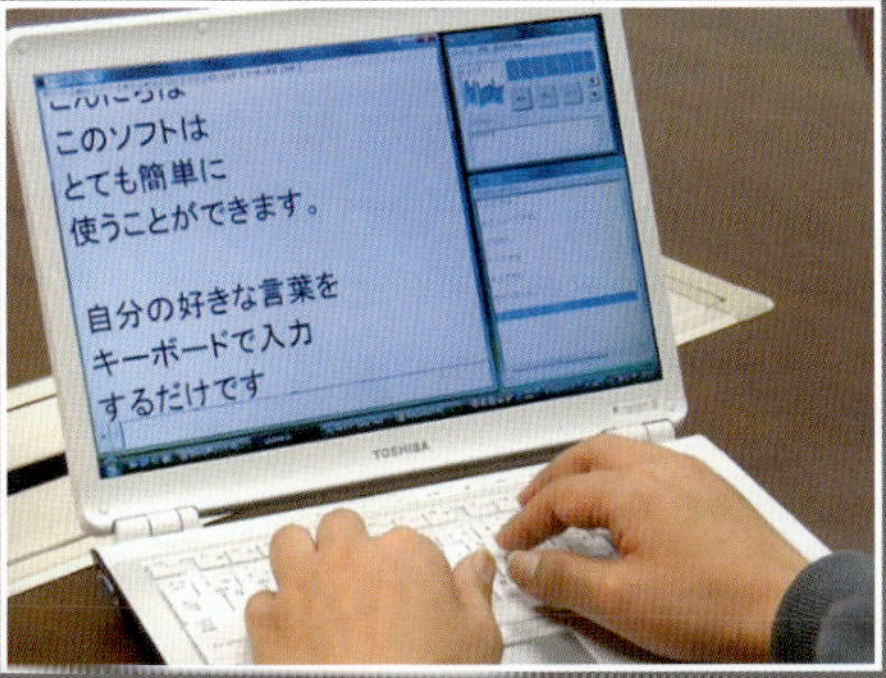

パソコンでテキストを入力すると、音声として読み上げてくれる。高い生声品質が特徴だ

Na　「ＡＬＳのたわごと」がスタートしてちょうど1年経った２０１６年6月、米沢さんは容態が急変し、入院しました。病状は安定せず、何度も急変を繰り返す中で、米沢さんはある決心をします。そして、そのことをどうしてもラジオで話したい。それもスタジオに行って話したいと言い出します。２０１６年7月23日、三角山放送局スタジオ、米沢さんはボイスターも使って決心を伝えます。ストレッチャーの上からの放送です。

佐藤　米沢さん、今日もよろしくお願いします。

米沢　よろしくお願いします。

佐藤　5月の放送終了後に入院されて、実は現在も入院中ということで。

米沢　実はそうなんです。

佐藤　今月は病院を抜け出してスタジオに来られているんですけど、ストレッチャーで出演ということで。スタジオ内の説明をさせていただきますと、米沢さんは北祐会神経内科病院の本間先生、奥様と一緒にストレッチャーで病院から来られました。奥様がスタジオ内に入って下さって、痰の吸引やマッサージなどをされています。そのような状況で今月はお送りしたいと思っています。

Vo米沢　米沢和也です。最後までよろしくお願いします。

佐藤　ボイスター米沢さんの声です。米沢さん、今回、入院されている間に決断されたことがあるそうで、そのことをボイスター米沢さんから説明していただきます。

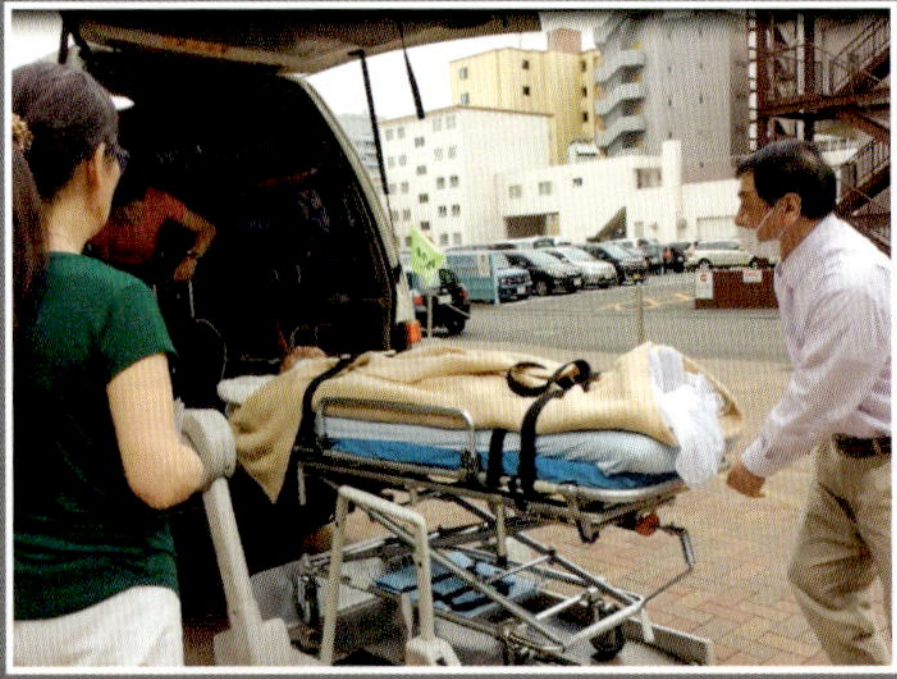

2016年7月23日、不安定な病状が続く中、ストレッチャーでスタジオ入りする米沢さん

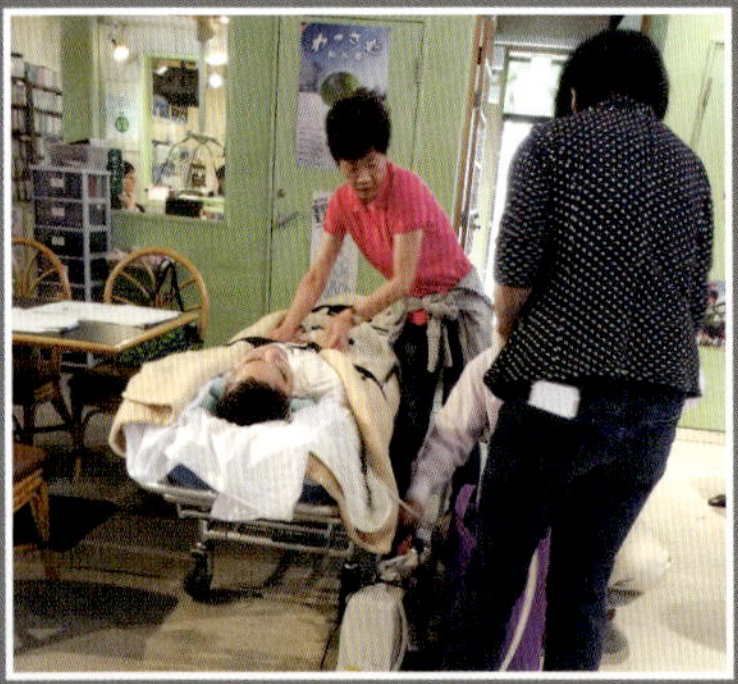

看護師でもある奥様が病院から付き添い、痰の吸引やマッサージなどを行った

Vo米沢　今回何とかこのスタジオに来たのは、みなさんにお話したいことがあったからです。この番組を通じてALSの治療状況を集めた結果、京都大学のiPS細胞によって病気の仕組みがわかりました。薬が開発されるのは時間の問題だと思います。なので私は、気管切開し、人工呼吸器を付けて、その日を待ちたいと思います。

佐藤　気管切開をされて呼吸器を付けるという、とても大きな決断だったと思います。

米沢　薬が追い追いできるところまで来ていますので、待ってみたいなと思いました。

佐藤　そうですね。iPS細胞の研究、薬の開発も進んでいますから、ALS患者さんにとって非常に大きな福音ですよね。米沢さんが頑張ろうと思うことで、他の患者さんの希望になると思います。

米沢　希望になれば、うれしいです。

Na　米沢さんはこの日の放送を最後に声を失いました。気管切開をして呼吸器を付けて、生きる選択をしたのです。これから先は米沢さんの残した声で作ったボイスターでの放送となります。それでは、今年最初の放送をお聴きください。2017年1月28日の放送です。

佐藤　新年あけましておめでとうございます。2017年1月、「ALSのたわごと」第1回目です。「ALSのたわごと」、この時間はALS患者の米沢和也さんと、私、米沢さんのお手伝いをしております「iCareほっかいどう」の佐

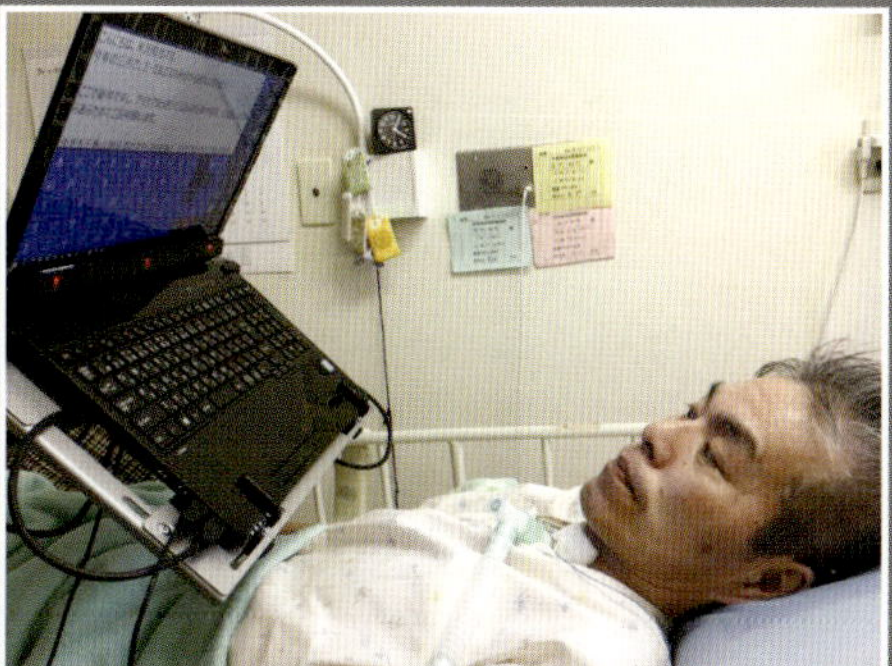

病院で視線入力して原稿を作成。スタジオでは、“ボイスター米沢さん”が語りかける

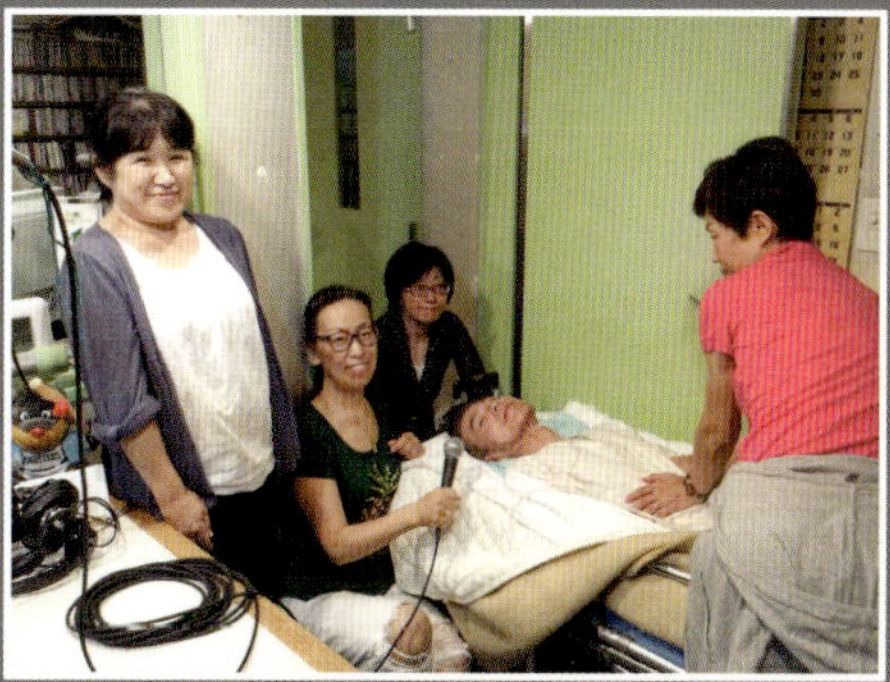

気管切開し、人工呼吸器を付けることを決心。その思いをラジオで伝えたいとスタジオへ

藤美由紀の二人でお送りします。米沢さん、今日もよろしくお願いします。

Vo米沢　こんにちは、米沢和也です。

佐藤　米沢さん、こんにちは。今日もよろしくお願いします。

Vo米沢　今年の3月でALSの発症から4年になります。

佐藤　もう4年ですね。

Vo米沢　今年もよろしくお願いしますね、佐藤さん。

佐藤　こちらこそ、よろしくお願いします、米沢さん。

Na　番組の制作方法について説明しますと、まず病院のベッドで米沢さんが伝えたいことをパソコンで文字にしていきます。視線入力、つまり目で一字一字拾っていく大変な作業です。できた文章をボイスターが音声に変換していきます。現在、米沢さんは入院中で、一日中ベッドでの生活です。外出は難しいので、パソコンのボイスター米沢さんがスタジオ入りして放送しています。佐藤さんはボイスター米沢さんの話を聞き、相槌を打ちながら進めていきます。選曲も米沢さんがしています。

佐藤　はい、「ALSのたわごと」、この時間は米沢和也さんの分身・ボイスター米沢さんと、「i-Careほっかいどう」の佐藤美由紀がお送りしております。それでは、ボイスター米沢さん、よろしくお願いします。

Vo米沢　ALSになって気管切開した後にできなくなって、つくづく思ったことがあります。人は日々の喜びの半分以上は、食べたり飲んだりすることだと思います。佐藤さんもそう思いませんか？

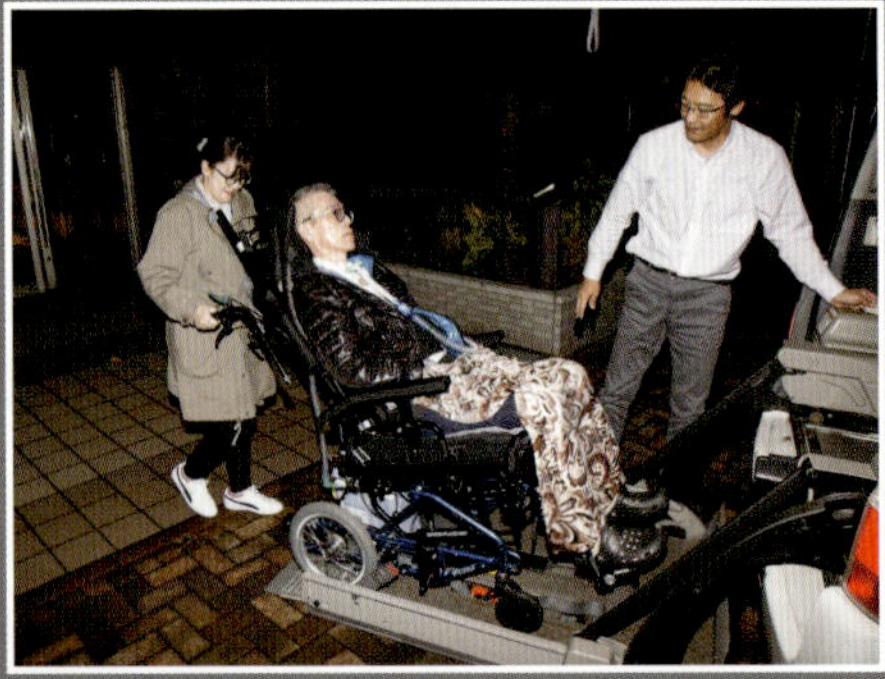

番組の収録のため、サポートスタッフと車イスでスタジオ入りする米沢さん（2018年11月）

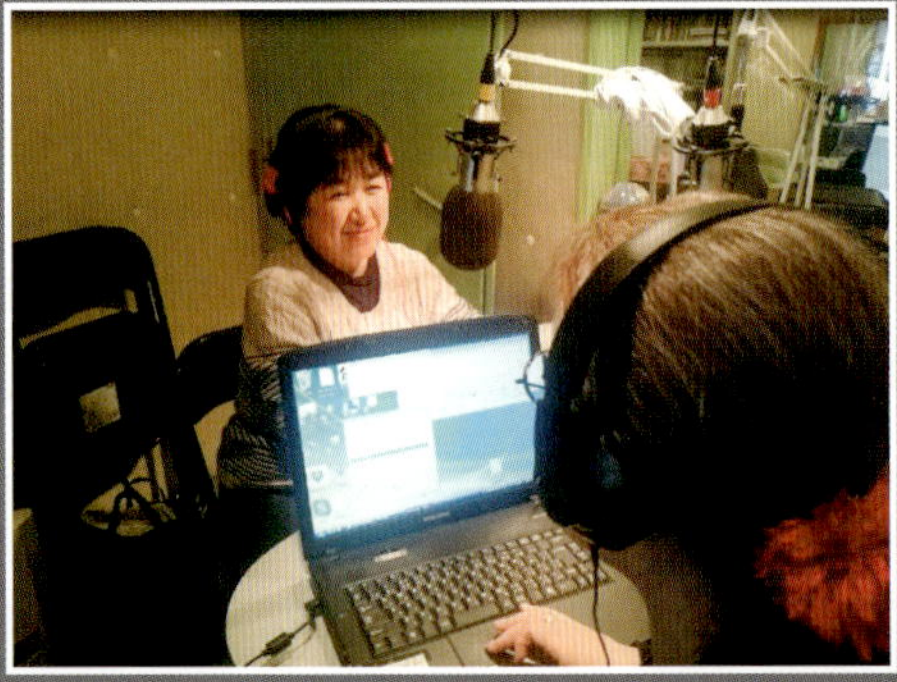

“ボイスター米沢さん”の話に、佐藤さんが合いの手を入れながら番組を進行する

佐藤　ふむふむ、ホントにそうですね。

Vo米沢　絶対そうですよね。佐藤さんなら、特にわかってくれると思った。

佐藤　その「特に」はどうしてでしょう？

Vo米沢　すいません。お酒はほとんど飲めませんが、食べ物にいやしい私は、今までに味わった食べ物を思い出して我慢するのが辛かったですよ。

佐藤　辛いですね、ホントに。

Vo米沢　今ではささやかですが、好きなコーヒーを少しだけ味わえるだけでも幸せです。

佐藤　それは良かったです、米沢さん。

Vo米沢　人間はできなくなって初めてありがたみがわかるものですね。食べられる人は他人に迷惑をかけないならば、可能な範囲で好きな物を、食べられる時に食べておいた方がいいですよ。

佐藤　食べられること、ホントに大切ですよね。ところで米沢さん、ここで一つ、質問です。米沢さんは胃ろうを付けられて、その後、悩みながら人工呼吸器を付ける決心をなさいましたが、現在、北海道では、呼吸器を付ける選択をする人が約1割と聞いています。いろいろ事情があるとは思うんですが、今も選択に悩まれている患者さんがたくさんいらっしゃると思うんです。今、呼吸器を付けた米沢さんから伝えたいことは何ですか？

Vo米沢　そうですね。北海道の患者さんの使用率はかなり低いですね。私も前に話した通り、途中までは自発呼吸をできなくなれば、そのまま息を引き取るつもりでした。しかし、この番組を担当させていただく機会を得て、ＡＬＳの情報を調べたりするうちに、この病気の発病の仕組みがわかったとの発表がありまし

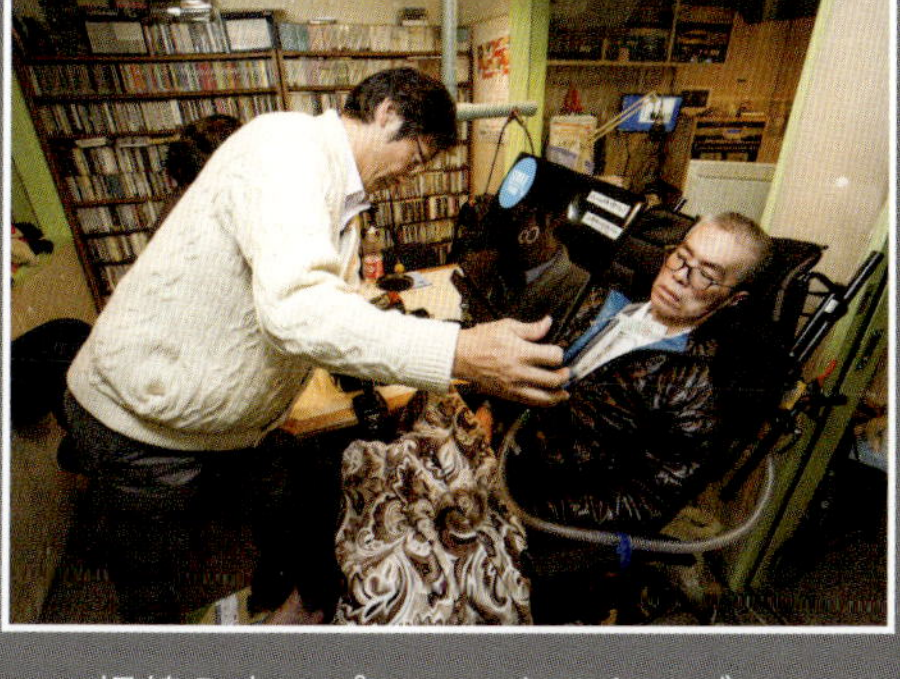

視線入力のパソコンをスタンバイ。ボイスターを使い、アドリブも交えながらトークを展開

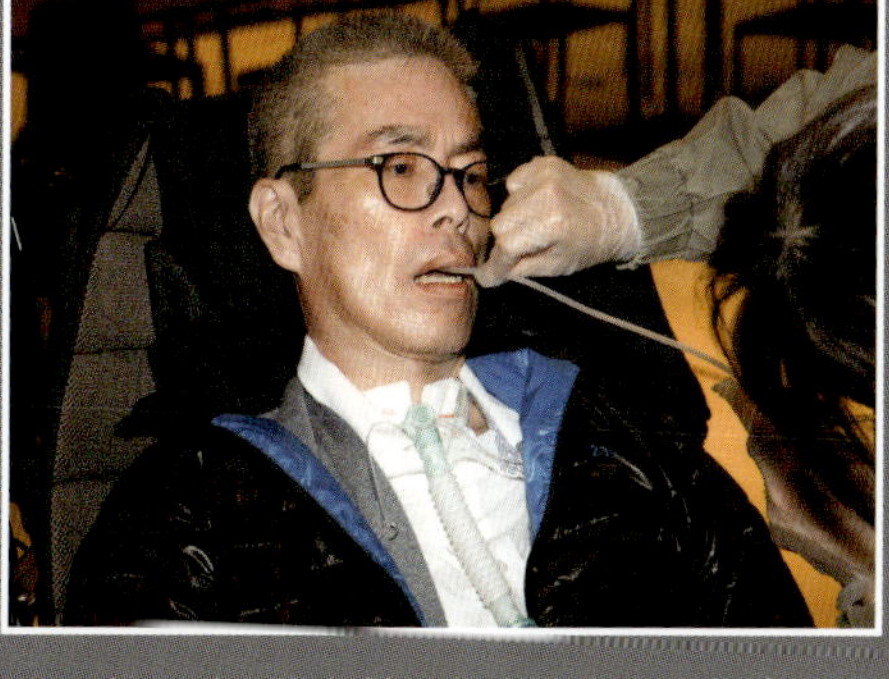

人工呼吸器を付けた米沢さん。録音前には、サポートスタッフが付きっきりで痰の吸引などを行う

た。私はそういう情報を知った時、どうにかして生きたい！　近い将来に治療を受けてみたいと思いました。確かにいつになるか確実な時期はわかりません。でも数年後に生きていれば、チャンスがあるかもしれません。その数年もどんどん症状が悪くなるばかりだし、情けなくなるに違いありませんが…。

佐藤　いやいやいや。米沢さんが呼吸器を付けることにしたと聞いた時は、「チームたわごと」はみんなで「やった！」という気持ちになりました。ホントに応援しています。

Vo米沢　私は昨年4月に日本ALS協会に入会しました。会員には重度の患者さんも多くいらっしゃいます。しかし、みなさんはあるがままを受け入れ、家族がある人は家族と共に、ない人も一人で精一杯生きていらっしゃいます。生きるヒントをたくさん知ることができますよ。できる事なら、我々と一緒に生きてみませんか。もし今後について悩んでいる人がいるなら、私はこう言いたいです。

佐藤　米沢さん、ホントにありがとうございました。みなさん、とても勇気付けられるのではないでしょうか。

Vo米沢　3曲目は、私が中学生の頃に大ヒットしたシカゴの「サタデイ・イン・ザ・パーク」です。

♪「サタデイ・イン・ザ・パーク」～BGM

Na　米沢さんの当面の目標は、車イスに乗ること、そしてスタジオから放送することです。三角山放送局リレーエッセイ「ALSのたわごと」は、毎月第4土曜日午後1時からの放送です。

＊2019年5月現在、米沢さんはサポートスタッフとボイスターに支えられ、毎月1回の放送を続けている。

[放送日]
2017年2月3日 15:00 ～ 16:00

[チームたわごと]
米沢和也　米沢晴美
iCare ほっかいどう　佐藤美由紀
(株)ヒューマンテクノシステム東京　渡辺聡
三角山放送局　木原くみこ　田島美穂

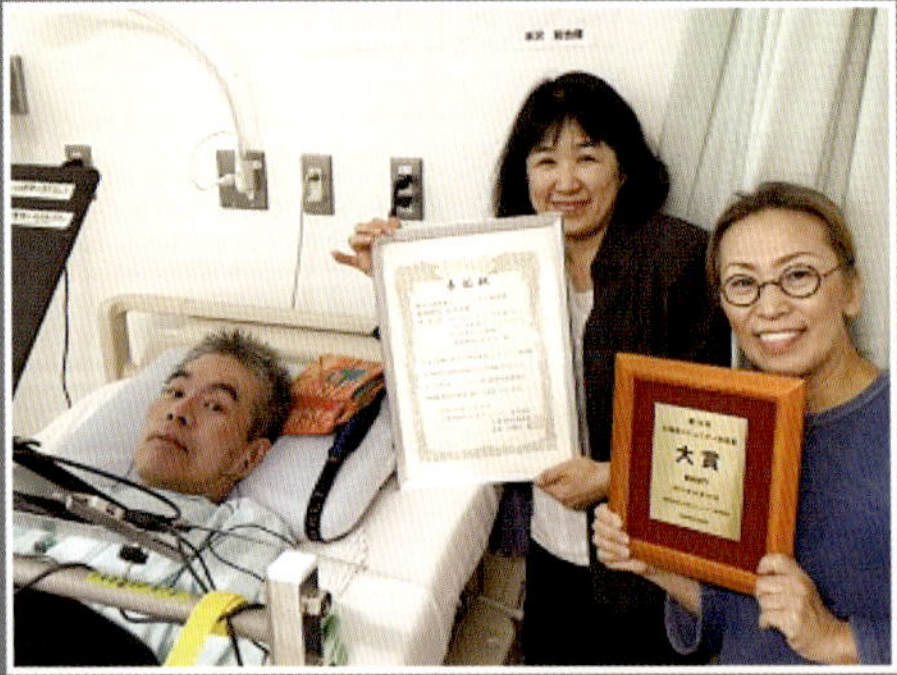

コミュニティ FM 全道フォーラムにて、北海道コミュニティ放送大賞番組部門大賞を受賞

三角山放送局と私

Pick up Message

山本 博子

［担当番組］
飛び出せ車イス
（1998 ～ 2017 年）

夢は、幼稚園の先生になることでした。目指していた短大時代、ラジオの深夜放送のパーソナリティをしたり、NHK のレポーターをしたりしているうちに、夢はどんどん遠のいていき、結局、幼稚園の先生は１年だけ経験し、主婦になってしまいました。

しゃべることが大好きだったので、主婦になっても仕事をしていました。そんな絶好調の時、交通事故に遭い、四肢麻痺になりましたが、うれしいことにしゃべることはできました。縁があって木原さんに声を掛けてもらい、喜んで「車イスパーソナリティ」になりました。

驚いたのは、日本国中、アメリカからもリスナーの反応があったこと。「車イスで行けるお店」を紹介し、車イス仲間が増えました。その付き合いがいまだに続いているのは、うれしいことです。

山本 博子

武部 未来

丸山 哲秀

新田 郷子

石川 純子

丸山 哲秀

［担当番組］
先生人語［三角山リレーエッセイ］
（1998 年〜）
＊プロフィールは P86 参照

幼少の頃、裏山にアンテナを立てて東京から送られてくる電波でラジオを聞いていた。「赤胴鈴之助」や「まぼろし探偵」。やがて中学の時、札幌に引っ越して来た。HBC や STV が開局して受験勉強をしつつ、いい音で放送が聴けた。深夜にはチャンネルを回して大阪のちょっとHな放送なんかを明け方まで聴いていた。ラジオは必需品だった。

大学卒業後、STV で「ニューミュージック・ストリート」という番組を担当する。その後「サンデージャンボスペシャル」に出演。その時一緒に出演していた Y 君と「ズーッと放送にかかわっていこうね」なんて、よく話していた。確かにラジオは、私の年齢ではとても魅力的な存在であるのだ。

年を経て放送業界を去り、私は教師となる。そして、十数年を経た時、三角山放送局が開局するという話を聞き、創業者の木原さんに電話をした。裏方でも手伝うつもりだった。「ラジオで話しなさいよ」という木原さんの一言で「先生人語」が始まる。それから二十年、教師生活の傍ら放送を続けてきた。

学校という窮屈な空間から解放される土曜日は別世界。私にとってその 1 時間は、葉緑素を作る光合成のような時間であった。「先生人語」が無かったら、教師生活も全うできなかったかも…。

あの時の Y 君もゲスト出演してくれた。ラジオは聴くのも話すのも楽しい。そんな生きがいを与えてくれた三角山放送局に感謝。本当にアリガトウ！

武部 未来

［担当番組］
トーク in クローゼット
（2008 年〜）
＊プロフィールは P81 参照

私が、三角山放送局を初めて知ったのは約 20 年前。通っていた小学校の運動会の様子を地域の人たちにも発信しよう！というプロジェクトに三角山放送局が携わって下さったのがきっかけでした。運動会当日、グラウンドで様々な競技が行われているのですが、観客席のご家族は、我が子の応援の片手にラジオ。ちょっと不思議な光景であり、斬新な取り組みでした。

そんな中、私はラジオのマイクを通じて、競技の実況をしている放送委員の同級生を羨ましく見ていたのを覚えています。その影響もあり、生まれつき足が不自由な自分も喋ることなら座って出来る！と、中学校と高校では放送部に入部。ですが、きちんとトレーニングを受けたことはなく、大会などにも出たことはありませんでした。

そんな私に木原会長から、新しいパーソナリティのオーディションを行う、と連絡をいただいたのが 2008 年の 11 月。ありがたいご縁をいただき、初めてマイクの前でお話しさせていただいたのが、その年の 12 月 25 日。それから、早 10 年――。

たくさんの方との出会い、三角山に登るきっかけ、ハワイのダイアモンドヘッドに登るきっかけ、車の免許を取ろうと思ったきっかけ、チェアーフラのサークルを始めるきっかけ…。1 つ 1 つ全ての行動のきっかけ、原動力、自信を与えてくれたのが、三角山放送局でした。

何年経ってもバタバタの私の放送ですが、毎週、どんな事をお話ししようか考えることが今では私の生活のルーティンとなっています。いつも、温かな目（耳）で見守って下さる皆さま、改めましてありがとうございます！

どうぞ末永く三角山放送局の番組をよろしくお願い致します。いっしょに、ね〜！

石川 純子

［担当番組］
トーク in クローゼット
（1999 年～）
＊プロフィールは P73 参照

「三角山放送局って、三角山の麓にあるの？」とよく聞かれます。西区には、四季折々の顔を見せてくれるシンボルの山があります。その山と同じ名前の放送局。ここで私は、高校の放送部時代からマイクの前で話すという夢を、今も続けています。

20 周年を迎えた三角山放送局は、もう私の生活のすべてのようです。長い間には、たくさんの方々との出会いがありました。それは、私の心の支えとなり、かけがえのない宝物です。番組では、多くのことを学びました。聴いて下さる方々と繋がる喜び、好きな音楽を流す楽しさ…。みんな私に元気を与えてくれます。

時々、もし三角山放送局とご縁がなかったら…と考えることがありますが、とても寂しいだろうと思います。だからこそ、楽しみながら“いっしょに、ねっ！”なんです。

木原さんが作って下さった三角山放送局で、これからも「しあわせな夢」がずっと続きますように――。

新田 郷子

［担当番組］
三角山タウンボイス アナタが主役
（1998 年～）
＊プロフィールは P84 参照

ラジオを聴くのが好きだった。38 歳で STV ラジオの番組の裏方のアルバイトに応募し、木原さんに出会った。時が経ち、木原さんがラジオ局を作ると知り、馳せ参じた。51 歳だった。あれから 21 年――。

まさか、これほど長い間、続けられるとは思ってもいなかった。「へぇ～、コミュニティ FM でしゃべれるんだ」と面白がって、いつも取材先まで車で連れて行ってくれた夫は、18 年前に亡くなった。失意の私を救ってくれたのもラジオだった。「声が出るのなら、早く出ておいで」。木原さんからの電話に励まされ、復帰した。

72 歳になったけれど、“おばあさんパーソナリティ”として、もう少し続けようと思う。

三角山放送局が
手掛けてきた
数々のイベントを、
フライヤーとともに
プレイバック！

1998 年／松尾スズキ 作・演出「マシーン日記」

2011 年／秋吉敏子ジャズオーケストラ
（フィーチャリング：ルー・タバキン）

2009 年／
ねんりんピック北海道・
札幌 2009「おとなの
文化祭」

03

三角山放送局の足跡

札幌市西区で開局を決定！
三角山放送局、夜明け前——

1997
[平成9年]

愛称は三角山放送局に！

　一人ひとりの声、温もりを伝えるラジオの原点に立ち返り、自分たちが本当にやりたい番組を作ろう——。ラジオ番組やコンサート・イベントの制作会社「らむれす」代表の木原くみこが、そんな思いを抱えて、コミュニティFM開設の話を聞きに、北海道電気通信監理局（現・北海道総合通信局）へ向かったのは、1996年の夏のこと。

　翌年2月には、札幌市西区の中核地である琴似に開局することが決まった。琴似には、狸小路に匹敵する老舗の商店街や、再開発によって生まれた新たなコミュニティゾーンがあり、1999年には地下鉄東西線の延長（琴似～宮の沢）で、ますますの人口増加が予想された。それに伴い、地域密着型のきめ細かな情報の提供が必要になると考えたのだ。

　放送局の愛称は、琴似の町を見守る三角山にちなみ、「三角山放送局」と名付けた。事業計画をもとに山積みの課題をクリアしながら開局準備に奔走。11月10日、北海道電気通信監理局に免許申請書が受理され、開局への第一歩を踏み出した。

　この年、北海道拓殖銀行が経営破綻。北海道に激震が走った波乱の年でもあった。

西区八軒の泰伸ビル。このビルの1階で三角山放送局は生まれた

三角山topics

- 2月、札幌市西区での開局を決定する
- 7月、放送局の愛称名を「三角山放送局」に決定
- 11月、北海道電気通信監理局に免許申請書が受理され、会社を八軒へ移転

北海道News

- 北海道拓殖銀行が経営破綻
- コンサドーレ札幌がJFLで優勝し、J1に昇格
- 日本初の民族法となる、アイヌ文化振興法が施行
- 北海道初の欧州直行便（札幌—オランダ）が就航
- 米空母「インディペンデンス」が小樽港に寄港

世界・日本の出来事

- 香港がイギリスから中華人民共和国に返還される
- ダイアナ元皇太子妃、パリで交通事故死
- 消費税率を5%に引き上げ
- 日本サッカー 悲願のワールドカップ初出場を決める
- 山一證券が自主廃業

Trend

- 本／失楽園上・下（渡辺淳一）
- 映画／もののけ姫
- ドラマ／ラブジェネレーション
- 曲／CAN YOU CELEBRATE?（安室奈美恵）
- 新商品／キシリトールガム（ロッテ）

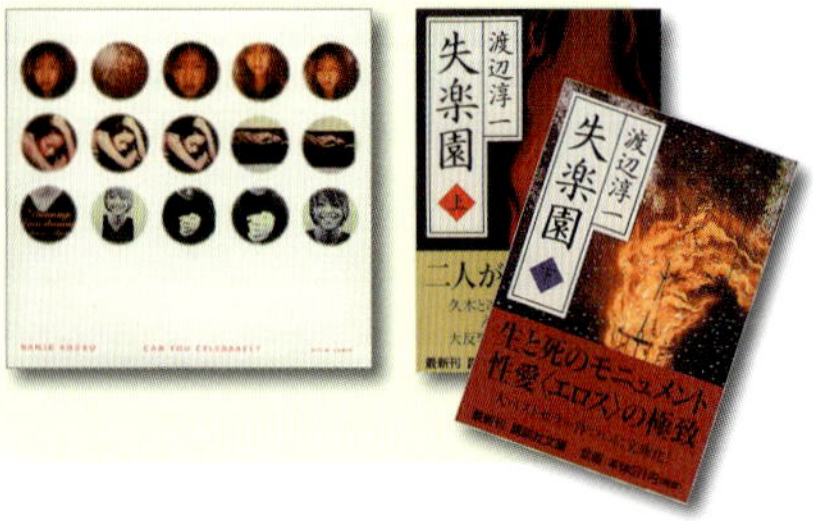

1998
[平成10年]

三角山放送局がいよいよ開局 コンセプトは「いっしょに、ねっ！」

出演者オーディション、スタート

春の開局に向けて、1月から出演者のオーディションをスタート。3月まで毎週日曜に計7回実施し、応募者は168名に上った。試験放送を行った3月20日には、記者会見を開いて開局発表を行い、同日、記念パーティーを開催した。

4月1日、札幌市西区八軒1条東4丁目のスタジオにて本放送を開始し、晴れて開局の日を迎える。コミュニティFMとしては、北海道で11番目、札幌市では中央区、豊平区に次いで3番目の開局となった。また、本放送と併せてインターネットでの同時ストリーミング放送を行ったことは、当時、先進的な取り組みだった。

7月には、「リスナーや地域住民が気軽に交流できる場所にしよう」と、スタジオに併設して「三角山カフェ」をオープン。これが功を奏し、足を運んでくれる人々が一気に増えた。カフェを舞台に、週1回のお笑いライブ「MADE-INよしもと」をはじめ、オールディーズパーティ、鈴木一平、堀江淳のコンサートなど、数多くのイベントやライブを開催した。

長野冬季オリンピックでは、道産子選手の活躍に、北海道が沸き上がった。

開局時には、ススキノのメガビジョンを使ってコマーシャルも行った

三角山topics

- 1月、出演者オーディション開始。3月まで計7回実施した
- 3月、試験放送開始。開局記者会見
- 4月、開局。本放送開始。「いっしょに、ねっ！」をスローガンに、インターネットでの同時ストリーミング放送もスタート
- 7月、「三角山カフェ」オープン

北海道News

- 北海タイムス社が倒産、事実上の廃刊に
- 経営破綻した拓銀が営業譲渡、98年の歴史に幕
- エア・ドゥが就航（新千歳―羽田）
- 道内産イクラからO157が検出される
- 室蘭市の白鳥大橋が開通

世界・日本の出来事

- ケニアとタンザニアの米大使館でテロ事件が発生
- エルニーニョ現象の影響で世界の平均気温が観測史上最高に
- 長野冬季オリンピック開催
- 郵便番号の7桁化が開始
- 特定非営利活動促進法（NPO法）施行

Trend

- 本／大河の一滴（五木寛之）
- 映画／タイタニック
- ドラマ／GTO
- 曲／夜空ノムコウ（SMAP）
- 新商品／なっちゃん（サントリー）

通称「サンカフェ」が大盛況
ライブの舞台としての役割も

1999
[平成11年]

CM、新番組が続々スタート

2月25日、地下鉄東西線の琴似駅―宮の沢駅（2・8キロ）が延伸開業となり、琴似駅は終着駅としての役目を卒業した。

開局2年目の三角山放送局では、4月1日からパーラー甲子園の時報CMがスタート。同月には、「ベル食品 週末の食卓」、「フライデーうっかり八軒」、吉本興業札幌事務所の「MADE IN よしもと」など新番組が続々と登場し、タイムテーブルが充実していく。

三角山カフェは、通称〝サンカフェ〟として親しまれ、順調に利用者が増加。訪れたリスナーが、目の前で生放送を聴きながら、その場で曲をリクエストするというユニークな光景も見られた。また、サンカフェを会場としたライブやイベントも精力的に開催。嵯峨治彦、リクオ、山木康世など数多くのミュージシャンが訪れた。

この年の夏、北海道は例年にない猛暑に見舞われた。暑さの影響でレールが歪むトラブルが続出し、JR北海道は約1週間で327本の列車を運休する事態に。10月には『氷点』『塩狩峠』などのベストセラー作家・三浦綾子が逝去。北海道が生んだ人気作家だけに、多くの道民がその死を悼んだ。

三角山カフェのカウントダウンパーティーは、大いに盛り上がった

三角山topics

- 4月、パーラー甲子園の時報CMがスタート。「ベル食品　週末の食卓」、「フライデーうっかり八軒」、吉本興業札幌事務所の番組など新番組が続々と開始
- 5月、木原が北海道コミュニティ放送協議会の会長に就任（2004年まで）
- 11月、空中線電力10Wから20Wに増力

北海道News

- 『氷点』のベストセラー作家・三浦綾子さん逝去
- 小樽築港に複合商業施設「マイカル小樽」開業
- JR室蘭線の礼文浜トンネルでコンクリート塊落下事故
- 道内各地で記録的猛暑
- 道庁談合疑惑で、公正取引委員会が立ち入り調査

世界・日本の出来事

- コメが関税化（市場開放）
- 石原慎太郎が東京都知事に
- 携帯電話・PHSの電話番号11桁化
- 欧州連合（EU）の単一通貨「ユーロ」を仏独など11か国が導入
- マカオがポルトガルから中国に返還

Trend

- 本／五体不満足（乙武洋匡）
- 映画／鉄道員（ぽっぽや）
- ドラマ／すずらん
- 曲／だんご3兄弟（速水けんたろう、茂森あゆみ、ひまわりキッズ、だんご合唱団）
- 新商品／AIBO（ソニー）

2000

［平成12年］

「コンサドーレ GO WEST!」スタート
「ちえりあ」オープン中継も実施！

「MADE IN よしもと」がリニューアル

西暦2000年を迎える際、コンピュータが誤作動し、世界的な大混乱が起こるのではないかと懸念された「2000年問題」が大きな話題に。しかし、各企業や官庁の緊急対応が功を奏し、深刻なトラブルは発生せず、政府は安全宣言を行った。

三角山放送局では、4月よりコンサドーレ札幌の応援番組「コンサドーレGO WEST!」をスタートした。

8月、西区宮の沢に生涯学習を総合的に推進する中核施設「札幌市生涯学習総合センターちえりあ」が誕生。25日のオープン日にはロビーから中継で生放送を行った。

また、三角山カフェで週1回開催してきたお笑いライブ「MADE IN よしもと」は、10月から「週刊金坊主」にリニューアル。出演の芸人も、ホヘト、SOBADS、なっとうチャーハン（奥本隆）から、タカ&トシ（現タカアンドトシ）、ビタミンC、プレゼンテーブルへと代替わりした。

北海道では、3月31日に有珠山が23年ぶりに大噴火。約1万6000人が避難を余儀なくされるなど住民生活に大きな打撃を与えたが、死傷者が出なかったのは、不幸中の幸いだった。

お笑いライブ「週刊金坊主」には、東京進出前のタカアンドトシも出演

三角山topics

- 4月、「コンサドーレ GO WEST!」がスタート
- 8月、札幌市生涯学習総合センターちえりあ、オープン中継
- 9月、「北海道 STORY21～ラジオドラマワークショップ in 帯広」開催
- 10月、「MADE IN よしもと」が「週刊金坊主」にリニューアル

北海道News

- 有珠山が23年ぶりに大噴火
- コンサドーレ札幌、3年ぶりにJ1リーグ昇格
- 漁船「第五龍寶丸」転覆、乗組員14人が行方不明になる惨事に
- 札幌南高校、60年ぶりに夏の甲子園出場
- 札幌市、道など自治体幹部の汚職事件が続発

世界・日本の出来事

- グリコ・森永事件の時効が成立
- 介護保険制度がスタート
- 小渕恵三首相が逝去。後任は森喜朗
- アメリカ大統領選挙、ジョージ・W・ブッシュが当選
- シドニーオリンピック開催

Trend

- 本／だから、あなたも生きぬいて（大平光代）
- 映画／M：I-2
- ドラマ／ビューティフルライフ
- 曲／TSUNAMI（サザンオールスターズ）
- 新商品／生茶（キリンビバレッジ）

道内FM11局の共同企画「STORY21」が本格始動

2001

［平成13年］

ギャラクシー賞受賞の快挙を達成！

北海道のコミュニティ放送11局による共同企画「STORY21～21世紀に伝える北海道の新民話」が始動し、三角山放送局が企画と事務局を担当した。このプロジェクトは、北海道を舞台とした民話・昔話・言い伝え、北海道にゆかりのある人物の話などを公募し、各局でラジオドラマを制作するという新しい試み。三角山放送局では、2月から3月にかけて「清吉爺の昔話」の制作に力を注いだ。

この作品が、放送業界のアカデミー賞と称される「ギャラクシー賞ラジオ選奨」を見事受賞。全国ラジオ番組の〝この年の8本〟に選出されるという快挙を成し遂げた。

6月、着工から3年を経て、道民待望の札幌ドームが開業。7月21日には、J1のコンサドーレ札幌vs横浜F・マリノスの試合を、三角山サポーターズクラブのメンバー40名と観戦した。

この年の9月11日、アメリカではテロリストにハイジャックされた旅客機が、ニューヨークの貿易センタービルとワシントンの国防総省施設に激突する同時多発テロが発生。日本人を含む約3000人の死者を出す大惨事となり、世界中の人々にとって忘れられない日となった。

第38回ギャラクシー賞ラジオ選奨受賞の賞状とトロフィー

三角山topics

- 2月、HIT-MINT（現・一十三十一）の「サウンドスパイス」スタート
- 2～3月、「北海道STORY21」のラジオドラマ「清吉爺の昔話」を制作
- 4月、携帯メールでの作文コーナー「親指で綴るK-BUNグランプリ」スタート
- 5月、ラジオドラマ「清吉爺の昔話」が第38回ギャラクシー賞ラジオ選奨を受賞

北海道News

- 札幌ドームが開業
- GLAYが石狩市で野外ライブ、10万人動員
- 道内の信用組合の破綻相次ぎ、事業譲渡へ
- 「マイカル小樽」運営の小樽ベイシティ開発が破綻
- 世界柔道選手権で旭川出身の上野雅恵が初優勝

世界・日本の出来事

- 大阪府にユニバーサル・スタジオ・ジャパンが開園
- 小泉内閣発足、「小泉ブーム」が巻き起こる
- 東京ディズニーシーが開園
- アメリカ同時多発テロ事件

Trend

- 本／チーズはどこへ消えた？（スペンサー・ジョンソン）
- 映画／千と千尋の神隠し
- ドラマ／HERO
- 曲／Can You Keep A Secret?（宇多田ヒカル）
- 新商品／氷結果汁（キリン）

2002
［平成14年］

パーソナリティの後藤治さんが介護日記を綴った著書を出版

小学生による特別番組を放送！

1～3月にかけて、三角山小学校の5年生による15分間の特別番組を3回にわたって放送。最年少パーソナリティのかわいらしいトークが光った。

2月には、「チュウ太の介護日記」のパーソナリティである後藤治さんが書籍『和子アルツハイマー病の妻と生きる』（亜璃西社）を出版。妻の和子さんが若年性アルツハイマー病と診断され、自ら介護をすることを決意した後藤さんが、それからの苦難と喜びの日々を綴った。このケアレポートは、読者にさまざまな問いかけを発し、大きな感動と反響を呼んだ。

4月からは、障がい者の人々が働く小規模作業所の支援番組、さっされん（NPO法人札幌市障害者小規模作業所連絡協議会）の「飛び出せ地域共同作業所」、札幌河川事務所の「いい町いい川」の2番組がスタート。

また、「モン・ジェリ琴似店」のアップルパイの名称を三角山放送局で募集し、「三角山のアップルパイ」に決定した。

この年、FIFAワールドカップが日本と韓国の共催で行われ、アジア初開催に。札幌でもイングランドvsアルゼンチン戦などが繰り広げられ、世界各国からサポーターが集結した。

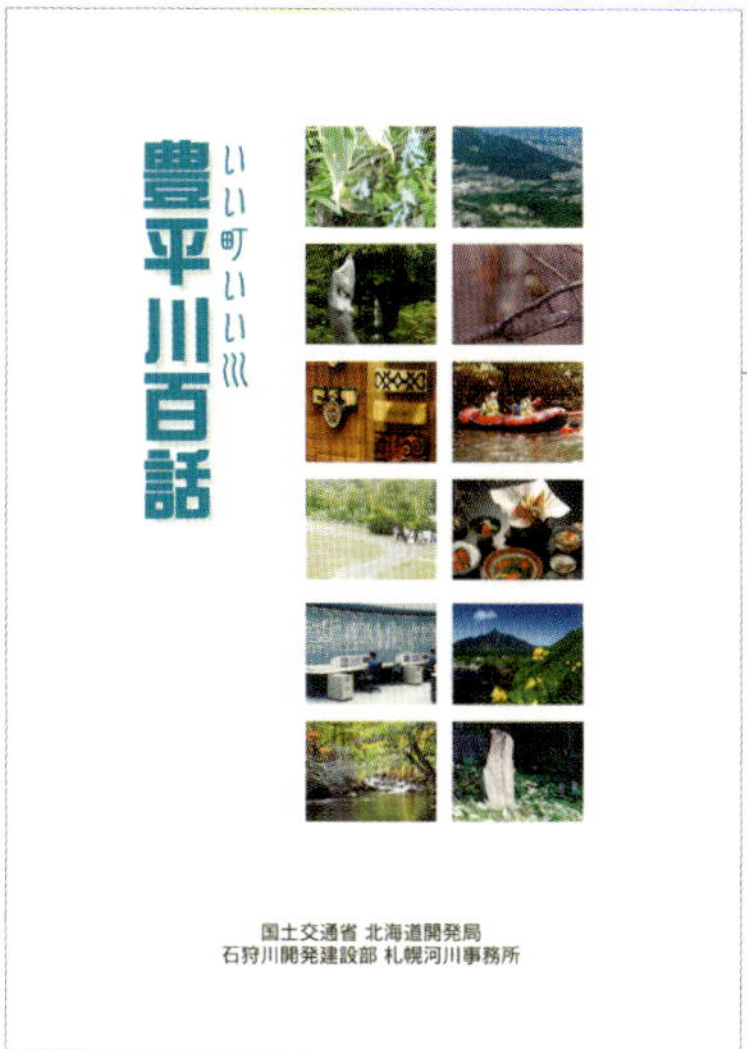

4月3日にスタートした札幌河川事務所の番組「いい町いい川」を書籍化

三角山topics

- 1～3月、三角山小学校5年生による15分番組を3回にわたって放送
- 4月、「飛び出せ地域共同作業所」「いい町いい川」がスタート。「週刊金坊主」が「特急モリゼン」にリニューアル
- 4月、鈴木一平と行く、沖縄ライブツアー開催
- 5月、三越札幌店開店70周年記念イベント、札幌コミュニティFMまつり開催

北海道News

- 太平洋炭礦が82年の歴史に幕
- ドラマ「北の国から」が21年の歴史にピリオド
- 道警の警部が覚せい剤使用容疑で逮捕
- 稚内の繁華街で大火

世界・日本の出来事

- FIFAワールドカップ・日韓大会が開催
- 初の日朝首脳会談。拉致被害者5名が日本へ帰国
- ユーロ参加国内においてユーロ貨幣の流通スタート
- ソルトレイクシティ冬季オリンピック開催

Trend

- 本／声に出して読みたい日本語（齋藤孝）
- 映画／ロード・オブ・ザ・リング
- ドラマ／相棒（season1）
- 曲／H（浜崎あゆみ）
- 新商品／健康エコナ マヨネーズタイプ（花王）

北海道神宮の土俵で弾き語る
名物うたごえまつりがスタート！

2003

［平成15年］

番組生まれの「バタみそ!?」が大好評

JR札幌駅南口に総工費約1千億円を投じた大型複合施設「JRタワー」が開業。アピア、パセオ、エスタ、札幌ステラプレイスは、総称「JRタワースクエア」と呼ばれ、大丸札幌店を合わせて北海道最大のショッピングエリアとなった。

開局5周年を迎えた三角山放送局は、5月にその記念イベントとして、日本が誇る世界的ジャズ・アーティスト・秋吉敏子をニューヨークから招き、Zepp Sapporoにて「秋吉敏子ジャズオーケストラ」を開催した。

6月には、札幌まつりにて第1回となる「北海道神宮フォークうたごえまつり」を開催。アマチュアミュージシャンが、フォークソングを北海道神宮の土俵の上で弾き語るユニークな趣向が話題を集めた。

ベル食品の番組「週末の食卓」では、放送200回記念の企画として、リスナーからアイデアを募集した調味料「バタみそ!?」を200個限定で製造することに。11月に三角山カフェにて試食即売会を行ったところ大好評！2時間で完売する人気ぶりだった。

この年、北海道に札幌ドームを拠点とする新球団「北海道日本ハムファイターズ」が誕生。野球ファンが歓喜した。

リスナーのアイデアから生まれた調味料「バタみそ!?」（ベル食品）

三角山topics

- 4月、「タウンボイス」の火曜（月1回）のパーソナリティに、中西章一さん、南二郎さんが加わる
- 5月、開局5周年記念イベント「秋吉敏子ジャズオーケストラ」開催
- 6月、札幌まつりにて第1回「北海道神宮フォークうたごえまつり」スタート（現在も継続中）
- 10月、「週末の食卓」から生まれた「バタみそ!?」を限定販売

北海道News

- 震度6弱の十勝沖地震発生
- 北海道日本ハムファイターズ誕生
- JR札幌駅にJRタワーが開業
- 道知事に高橋はるみ氏が初当選
- 三浦雄一郎氏、70歳でエベレスト登頂に成功

世界・日本の出来事

- 宮崎駿監督「千と千尋の神隠し」が第75回アカデミー賞長編アニメ映画賞を受賞
- 郵政事業庁が日本郵政公社に
- 朝青龍が第68代横綱に昇進
- 米英軍がイラク攻撃、フセイン元大統領拘束
- 新型肺炎（SARS）が中国などで大流行

Trend

- 本／バカの壁（養老孟司）
- 映画／ハリー・ポッターと秘密の部屋
- ドラマ／GOOD LUCK!!
- 曲／世界に一つだけの花(SMAP)
- 新商品／暴君ハバネロ（東ハト）

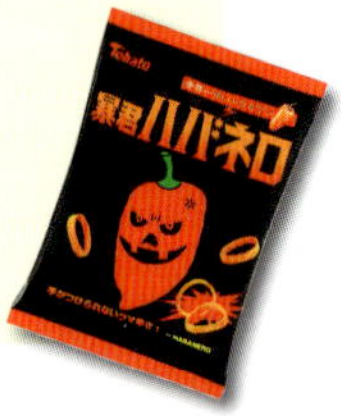

2004

[平成16年]

開局以来の「ポカポカ」が終了 午前のワイド番組が新顔に！

ラジオドラマ「八軒物語」を連続放送

三角山放送局では、年明けからラジオドラマシリーズ「八軒物語」の制作に取り組み、1月に「朗読劇・八軒物語」、2月に「サムライ屯田兵」、3月には「本願寺街道のその先に」と3か月連続で放送した。

4月には、開局以来愛されてきた午前中のワイド番組「ポカポカ」の放送終了に伴い、新番組「おはよう！ママゾネス」が始まった。パーソナリティは、それぞれの分野の第一線で活躍するパワフルなお母さん4人組が日替わりで担当に。

同月、インターネットニュースサイトBNNとの共同企画として、ニセコ町長・逢坂誠二さん（現・衆議院議員）の対談番組「合縁奇縁」の放送（月1回）もスタートした。

一方、8月には、地球にやさしいまちづくりを進める西区民会議とのコラボ企画で「西区エコびとマップ」の活動がスタート。環境モデル区であった西区との環境連携事業は、今も継続中だ。

「コンサドーレGO WEST！」では、宮の沢の石屋製菓コレクションハウス・スタジオからの生放送を開始。スタジオ名を番組で公募し、フクロウのマスコット・ドーレくんにちなみ「HOHO（ホーホー）スタジオ」となった。

「おはよう！ママゾネス」ではパワフルなお母さん4人組が活躍

三角山topics

- 1月、ラジオドラマシリーズ「八軒物語」として、「朗読劇・八軒物語」を放送
- 2月、三角山リレーエッセイのパーソナリティ・小濱正道さん逝去。ラジオドラマシリーズ第2弾「サムライ屯田兵」を放送
- 3月、シリーズ第3弾「本願寺街道のその先に」を放送
- 4月、午前の生ワイド番組「おはよう！ママゾネス」スタート
- 9月、「コンサドーレ GO WEST！」を石屋製菓コレクションハウス・スタジオから生放送開始
- 10月、北海道福祉のまちづくり賞 ソフト部門最優秀賞を受賞
- 12月、北海道開発局札幌開発建設部の提供番組「みちのむこうに」スタート

北海道News

- 函館市と渡島管内4町村が合併
- 駒大苫小牧高が夏の甲子園大会で、東北以北初の全国優勝

世界・日本の出来事

- 新潟県中越地震が発生
- アテネオリンピックで日本選手大活躍、メダル最多の37個
- 新紙幣発行（1万円札が福沢諭吉、5千円札が樋口一葉、千円札が野口英世）
- 米大統領選でブッシュ氏再選

Trend

- 本／13歳のハローワーク（村上龍）
- 映画／ハウルの動く城
- ドラマ／プライド
- 曲／瞳をとじて（平井堅）
- 新商品／伊右衛門（サントリー）

地域密着型の情報誌
季刊「三角山の友」、創刊

2005
［平成17年］

「かがやけコトニ」の特別番組を放送

知床が世界自然遺産に登録された朗報を皮切りに、夏の甲子園大会に出場した駒大苫小牧高の2連覇達成、旭川市旭山動物園がユニークな行動展示で全国区の人気スポットになるなど、北海道では明るいニュースが相次いだ。

三角山放送局では、4月に地域密着情報誌「三角山の友」を創刊。これまで隔月発行の「三角山通信」に掲載していたタイムテーブルも、この情報誌へ移行し、パーソナリティや番組のピックアップ紹介から、グルメ、暮らしの情報まで、地域に根差した情報誌を目指した。

また、番組制作においては、7月から翌年3月にかけて月1回の60分番組「西区情報プラザ増刊号」を全10回放送したほか、7月から8月にかけては、琴似屯田兵村入植130周年記念事業「かがやけコトニ」の特別番組（60分）を全5回にわたって放送。地域と共に歩むラジオ局という指針を形にした。

10月には、制作を担当する「桑園JRふれあいコンサート」を、「地域のかたちも、障がい者も、盲導犬も、いっしょに、ねっコンサート」と題して開催。同月14日、「きたのくに　いきいき福祉フェア」にも参加した。

地域密着情報誌「三角山の友」の創刊号。体裁はA5判のオールカラー

三角山topics
- 4月、季刊の地域密着情報誌「三角山の友」創刊
- 4月、北海道ラジオの会、第1回北のシナリオ大賞、募集開始
- 「コンサドーレ札幌アウェイ戦」の実況中継がスタート
- 7月、西区ジャーナルの木曜パーソナリティ・矢満田静子さん逝去。8月1日に追悼特番を放送
- 8月、火曜タウンボイスパーソナリティ・中西章一さん逝去

北海道News
- 駒大苫小牧高が夏の甲子園大会で2連覇達成
- 知床が世界自然遺産に登録
- 北海道新幹線の建設工事開始
- 旭川市旭山動物園が全国区の人気に。入園者数200万人を突破
- 道内で「平成の大合併」が相次ぎ、この年は196市町村に

世界・日本の出来事
- 衆院選で自民圧勝、郵政民営化法成立
- 愛知万博「愛・地球博」開幕
- JR福知山線で脱線事故
- ロンドンなど世界各地でテロ
- 鳥インフルエンザ、東南アジアや中国で猛威

Trend
- 本／頭がいい人、悪い人の話し方（樋口裕一）
- 映画／ハリー・ポッターと炎のゴブレット
- ドラマ／ごくせん　第2シリーズ
- 曲／青春アミーゴ（修二と彰）
- 新商品／のどごし生（キリン）

2006

[平成18年]

「レンガの館」に新スタジオ誕生 念願のバリアフリー化を実現

日ハム・金子誠選手がパーソナリティに!

開局以来、共に歩んできた泰伸ビルから、JR琴似駅そばに建つ「レンガの館」内の新スタジオへ移転。2つのスタジオと、広々としたコミュニティスペースは、車イスの方も気軽に利用できるバリアフリー構造に。呼気でマイクスイッチの操作が行える「エンジェルブレス」や、振動で話し始めるタイミングがわかる「ブルブルキュー」など、北海道立工業試験場と共同開発したユニバーサルデザインの放送機材も備え、誰もが使いやすいスタジオを実現した。

2月27日より新スタジオからの放送がスタートし、3月24・25日には、完成記念パーティーを開催。スタジオ移転イベントとして、タカアンドトシの凱旋トークライブも行った。

プロ野球のシーズン開幕でファンの期待が高まる中、三角山放送局では、4月から北海道日本ハムファイターズの応援番組「ナイス!ファイターズチャンネル」を全道7局ネットで放送開始。同月、当時選手会長だった金子誠選手によるレギュラー番組「金子誠の週刊マック」も始まり、ますますファイターズ熱のボルテージが上がった。

そしてこの年、ファイターズはパ・リーグを制覇し日本一に!

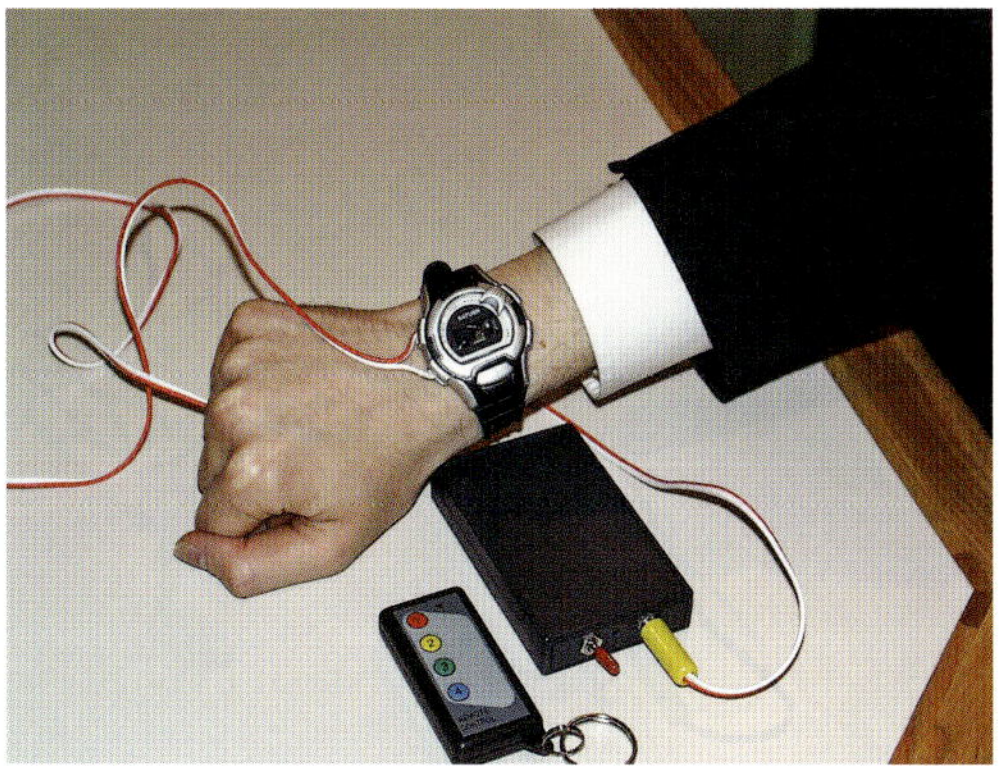

ユニバーサルデザインの放送機材を導入。写真は「ブルブルキュー」

三角山topics

- 4月、「きのとやサロンコンサート」スタート
- 6月、シーニック・バイウェイ連動番組「シーニック宝島」開始
- 8月、「飛び出せ車イス」の人気コーナー「車イスで行けるいいお店見つけた」の携帯サイト開設
- 9月、第1回北海道コミュニティ大賞において、情報番組部門では「コトニのたましい」が、娯楽番組部門では「矢満田静子～命の実況中継」が大賞を受賞

北海道News

- ふるさと銀河線廃止
- 夕張市が巨額赤字を抱え、財政破たん
- 北海道日本ハムファイターズ、44年ぶりの日本一に輝く
- 佐呂間町で竜巻が発生、9人死亡

世界・日本の出来事

- 第1次安倍内閣発足
- 日銀が量的緩和解除、ゼロ金利解除
- 紀子さま男児出産
- 北朝鮮が核実験、ミサイルも発射
- イラクでテロ激化、内戦の危機に

Trend

- 本／東京タワー ～オカンとボクと、時々、オトン～（リリー・フランキー）
- 映画／ゲド戦記
- ドラマ／ Dr. コトー診療所 2006
- 曲／ Real Face（KAT-TUN）
- 新商品／ TSUBAKI（資生堂）

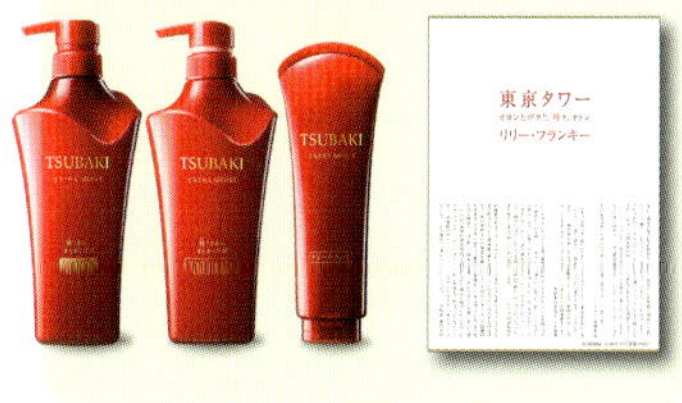

JR琴似駅にサテライトスタジオ誕生
「琴似駅からコンニチハ」放送開始

2007
[平成19年]

公開録音にマック＆稲葉選手が登場！

三角山放送局では、春から「石狩番屋・季節だより」、英語・中国語・韓国語の外国語番組「SAPPORO NAVIGATION」、「発寒この人」など新番組を続々とスタートさせた。

7月には、JR琴似駅にある「琴似駅旅行センター」内に、サテライトスタジオが誕生。駅員や旅行センタースタッフが、JRの運行状況、お得なきっぷの情報などを紹介する情報番組「琴似駅からコンニチハ」の放送を始めた。

8月には、人気番組「北海道日本ハムファイターズ金子誠の週刊マック」、ファンによる応援番組「ナイス！ファイターズチャンネル」、2番組の公開録音が行われ、抽選で選ばれたファン約100名が集結。札幌ドームで観戦後、選手が移動時に使用するファイターズ号を借り切ってレンガの館へ。

試合を終えたマックこと金子誠選手が姿を現すと、会場は大歓声に包まれた。さらに稲葉篤紀選手もサプライズ出演。普段は聴けない2人の貴重なトークにファンは大興奮だった。

この年、コンサドーレ札幌がJ1昇格、ファイターズがパ・リーグ連覇を達成し、三角山放送局も大いに沸いた。

「週刊マック」の公開録音。応援グッズを手にファンが多数集結した

三角山topics

- 2月、ファイターズ沖縄キャンプ観戦＆週刊マック公録ツアー
- 5月、英語・中国語・韓国語の外国語番組「SAPPORO NAVIGATION」スタート
- 5月、「発寒この人」月1回の放送開始
- 8月、初となるピンクリボンのイベントを手掛ける
- 12月、自動送出システム（APS）導入、稼働

北海道News

- コンサドーレ札幌がサッカーJ2で優勝を飾り、J1昇格
- 北海道日本ハムファイターズがパ・リーグ連覇
- 南茅部町（現函館市）で出土した中空土偶、道内初の国宝に指定
- 夕張市、正式に財政再建団体に移行
- 苫小牧市ミートホープ社の食肉偽装発覚

世界・日本の出来事

- 安倍晋三首相が退陣表明、福田康夫新内閣が発足
- 日本郵政公社が民営化
- 新潟県中越沖地震が発生
- 米大学で乱射事件
- イラク北部で自爆テロ

Trend

- 本／ホームレス中学生（田村裕）
- 映画／パイレーツ・オブ・カリビアン～ワールド・エンド
- ドラマ／華麗なる一族
- 曲／千の風になって（秋川雅史）
- 新商品／スープdeおこげ（ハウス食品）

2008

[平成20年]

コミュニティラジオの業績が評価 放送人グランプリの特別賞を受賞

10周年記念の9時間特番を生放送で！

開局10周年を迎えた4月1日、三角山放送局では、「いっしょに、ねっ!〜ありがとう10周年〜」と題し、10時から19時まで9時間にわたる特別番組を生放送。開局時からの出演者による、開局した頃のエピソードなどさまざまな思い出を交えながら10年の歩みを振り返った。

10周年に加えて、この年のうれしい出来事といえば、木原くみこが「放送人の会」主催の「放送人グランプリ2008」で特別賞を受賞したこと。この賞は、1年間に放送界で最も顕著な活動を行い、業績を上げた個人またはグループに贈られるもの。木原はバリアフリースタジオの創設など、コミュニティラジオにおける10年に及ぶ業績を評価されての受賞だった。

新番組は、4月にコンサドーレ札幌の選手が出演するクラブオフィシャルラジオ番組「オフサイドトーク」、5月に「屯田兵グラフィティ」、「フライデースピーカーズ」、6月に北海道環境財団との事業で地球温暖化防止啓発番組「CO2よりTea For Two」が放送開始。

北海道では、「北海道洞爺湖サミット」（第34回主要国首脳会議）が開催され、札幌にも厳重な警戒体制が敷かれた。

10周年特番を生放送中のスタジオ風景。写真はゲストの石島忍さん

三角山topics

- 2月、ファイターズ沖縄キャンプ観戦&週刊マック公録ツアー
- 4月、「オフサイドトーク」スタート
- 4月、三角山放送局ホームページ、リニューアル
- 5月、「屯田兵グラフィティ」「フライデースピーカーズ」スタート
- 6月、北海道環境財団との事業で地球温暖化防止啓発番組「CO2より Tea For Two」スタート

北海道News

- 木の城たいせつ破綻など大型倒産相次ぐ
- 北洋銀行と札幌銀行が合併、合併後の行名は北洋銀行に
- 洞爺湖町で主要国首脳会議「北海道洞爺湖サミット」開催
- 国会が「アイヌ民族を先住民族とすることを求める決議」を採択

世界・日本の出来事

- 中国製ギョーザで中毒事件
- 日本人3名がノーベル物理学賞受賞
- 北島康介が北京オリンピック平泳ぎで連続2冠
- 米大統領選でオバマ氏勝利
- 四川大地震が発生

Trend

- 本／夢をかなえるゾウ（水野敬也）
- 映画／崖の上のポニョ
- ドラマ／CHANGE
- 曲／truth 風の向こうへ（嵐）
- 新商品／ファンタ ふるふるシェイカー（コカ・コーラ）

ラジオドラマ・ルネサンス事業
3都市でワークショップを開催

2009
[平成21年]

三角山放送局がNHKのドキュメンタリーに

1月24日、NHKのドキュメンタリー番組「ドキュメントにっぽんの現場」で、三角山放送局の取り組みが30分番組として全国放送された。木原、杉澤のインタビューをはじめ、パーソナリティのみなさんの収録の様子、局の取り組み、オーディションの模様などが盛り込まれ、放送後、大きな反響を呼んだ。

この年、三角山放送局が事務局を務める「北海道ラジオの会」では、ラジオドラマの復興を目指す「北海道ラジオドラマ・ルネサンス事業」を実施。ラジオドラマ熱を呼び戻そうと、10月は旭川（協力・FMりべーる）、11月は函館（協力・FMいるか）、12月は札幌と、3か所でラジオドラマ制作のワークショップを開催。シナリオの心得などを学び、約10分のラジオドラマを制作するという内容で、各地で大盛況だった。

イベント事業では、京王プラザホテル札幌の「真冬のビアガーデン」、「お母さんといっしょに、ねっピンクリボン親子コンサート」、「私の宝石物語公開収録イベント」、「札幌競馬場観戦ツアー」など多数を手掛けた。

この年、丸井今井が民事再生法を申請し、札幌西武が閉店。札幌中心部の商圏に変動が起きた。

北海道ラジオドラマ・ルネサンス事業では、ワークショップを開催

三角山topics

- 7月1日、「おとなの文化祭」の紹介イベントを八軒会館で開催
- 7~9月、北海道観光振興機構との協働企画として、奥尻島へモニター旅行をし、その感想をラジオ番組にする「奥尻サイトリスニング」放送
- 9月、ねんりんピック関連イベント「おとなの文化祭」開催（FMアップルと共同開催）。後の「いっしょにね！文化祭」の布石に
- 10月、イオン発寒店オープン3周年記念の公開生放送を実施

北海道News

- 北海道日本ハムファイターズが2年ぶりにパ・リーグ制覇
- 大雪山系トムラウシ山、美瑛岳で10人死亡
- 丸井今井が民事再生法申請
- 札幌西武が閉店

世界・日本の出来事

- 鹿児島市の桜島が爆発的噴火
- 裁判員制度がスタート
- 侍ジャパンがWBCで連覇
- オバマ氏が米国大統領に就任
- スマトラ島沖で大地震発生

Trend

- 本／1Q84（1・2）（村上春樹）
- 映画／ハリー・ポッターと謎のプリンス
- ドラマ／JIN-仁-
- 曲／また君に恋してる（坂本冬美）
- 新商品／キリン フリー（キリンビール）

2010

［平成22年］

パーソナリティの武部未来さんが三角山登山にチャレンジ！

インターネット放送をスマホアプリで！

　2009年からスタートした「北海道ラジオドラマ・ルネサンス事業」で三角山放送局、STVラジオ、AIR-G'の3局がシナリオ大賞受賞作品をラジオドラマ化。CDを制作し全道の図書館にも配布した。

　元ニッポン放送の伝説の音効マンであり、ラジオドラマ界に大きな功績を残し、「三角山タウンボイス」のパーソナリティだった南二郎さんが逝去。本事業のラジオドラマが最後の作品となった。

　5月には、パーソナリティの武部未来さんが三角山登山に挑戦。二分脊椎症による水頭症とアーノルド・キアリ奇形という合併症を持って生まれるも、自分で歩きたいという一心で、車イスではなく装具をつけて自立歩行する武部さんにとって、三角山登山は目標であり、過酷な挑戦だった。当日、登山口には150名以上のサポーターが集合。武部さんは見事、登頂に成功し、感動の輪が広がった。

　この年、配信スタイルが進化。iPhoneでラジオが聞けるアプリ「i-コミュラジ」、スタジオの模様を動画配信する「Ustream」、ポッドキャストなどを活用するとともに、ホームページもリニューアルした。

武部さんの三角山登山チャレンジ。山頂でサポーターと記念撮影

三角山topics

- 2月、レンガの館から、アルファ琴似駅前ビルに事務所を移転
- 2月、地域企業に参加してもらい「ラジオ塾」開催
- 6月、音効効果マンで「タウンボイス」パーソナリティの南二郎さん逝去
- 8月、サークルKサンクスで、モン・ジェリ琴似店との共同開発「おにぎり風カレーパン」を発売
- 8月、札幌市の薪プロジェクト連動番組「薪RADIO」スタート

北海道News

- 北海道大名誉教授の鈴木章氏がノーベル化学賞受賞
- 新千歳空港の新国際線ターミナルが開業
- 札幌のグループホームで火災、7人死亡
- 柔道の上野順恵が世界選手権連覇

世界・日本の出来事

- バンクーバー冬季五輪開催
- 小惑星探査機「はやぶさ」が地球に帰還
- 日本年金機構が発足
- チリ鉱山で落盤事故、69日ぶり33人生還
- 上海万博が開幕
- チリでM8.8の大地震が発生

Trend

- 本／もし高校野球の女子マネージャーがドラッカーの『マネジメント』を読んだら（岩崎夏海）
- 映画／アリス・イン・ワンダーランド
- ドラマ／月の恋人～Moon Lovers～
- 曲／ヘビーローテーション（AKB48）
- 新商品／ザクリッチ（ロッテ）

内閣府特命担当大臣表彰
優良賞を受賞！

2011

［平成23年］

被災者支援のための情報を発信

3月11日、東日本大震災が発生。地震および津波による死者・行方不明者は、2万人以上（関連死を含む）に上り、戦後最悪の甚大な被害をもたらした。

三角山放送局では、4月20日から被災者支援のための情報番組「北海道ふるさとネット」をスタート。この番組は、札幌市内コミュニティFM4局の連携力を発揮し、被災地から北海道へ避難してくる方々への物心両面でのラジオを通じた支援活動を行おうと企画された。震災で北海道に避難している被災者に向けて、生活情報、遠く離れた被災地の情報などを発信。道庁からの被災者支援情報、被災地で支援にあたっている道職員への電話インタビューなどで現地の様子を伝えた。

その一方、三角山放送局が、内閣府の「平成23年度バリアフリー・ユニバーサルデザイン推進功労者表彰」において「内閣府特命担当大臣表彰　優良賞」を受賞するという、うれしいニュースも。12月9日、首相官邸で開催された表彰式・祝賀会には、杉澤、田島が出席し、喜びと関係者への感謝をかみしめた。

FIFA女子ワールドカップでは、なでしこジャパンが優勝を飾り、被災地に勇気を与えた。

首相官邸で開催された「内閣府特命担当大臣表彰　優良賞」表彰式の様子

三角山topics

- 1月、札幌刑務所の受刑者の手紙を読み、リクエスト曲をかける「苗穂ラジオステーション」スタート
- 6月、「Radio CONSADOLE」スタート。1回目の出演は中山雅史選手
- 8月、SAPPORO CITY JAZZ2011「秋吉敏子　ルー・タバキン　HOPE 希望」コンサートを主催
- 12月、「おとなの文化祭」開催

北海道News

- JR石勝線の特急列車で火災事故が発生、乗客が避難
- サッカーJ2コンサドーレ札幌が昇格争いに絡み、J1昇格
- 道東道、夕張IC～占冠IC間が開通
- 札幌駅前通地下歩行空間が開通

世界・日本の出来事

- 東日本大震災が発生。戦後最大の自然災害に
- 東京電力福島第一原発事故
- FIFA女子ワールドカップで「なでしこジャパン」優勝
- エジプトのムバラク政権が崩壊
- 北朝鮮の金正日が死去

Trend

- 本／謎解きはディナーのあとで（東川篤哉）
- 映画／ハリー・ポッターと死の秘宝 PART2
- ドラマ／家政婦のミタ
- 曲／フライングゲット（AKB48）
- 新商品／日清カップヌードルごはん（日清）

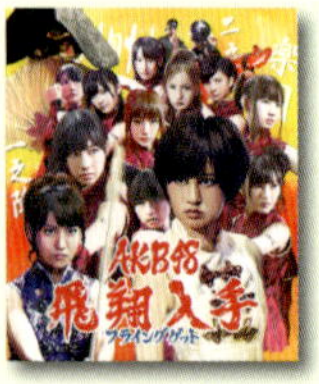

2012
[平成24年]

放送大学の地域連携プロジェクト「みんなの文化祭」を生放送

支援してきた「ラジオニセコ」が開局！

3月31日、三角山放送局が開局準備の段階から支援してきたニセコ町のコミュニティFM局「ラジオニセコ」がいよいよ開局した。木原は、ラジオニセコの構想から設立まで深く関わったことから感慨もひとしお。開局後も放送局長（後に相談役）として運営をサポートし、三角山放送局とは姉妹局のような関係となる。

7月、札幌交響楽団のオーボエ奏者で、パーソナリティの岩崎弘昌さんより「レンガの館でコンサートをたくさん開催して欲しい」との願いから、アップライトピアノを寄贈された。

また、8月と11月には、放送大学の地域連携プロジェクト「みんなの文化祭」を、函館、帯広で3回開催した。このイベントは、放送大学の学生が学習した知見や実践力を発揮し、地域と連携して社会貢献するための事業づくりの一環。企画立案からイベント運営までを学生、学友会が中心となって行い、地域の芸達者と協力し合いながらみんなで作り上げるものだ。

合唱、楽器演奏から、詩の朗読、ダンスまで多彩な演目が披露され、三角山放送では、その楽しさを各イベント会場から生放送でビビットに伝えた。

放送大学の「みんなの文化祭」。各会場の様子を中継で生放送した

三角山topics

- 1月、「ザ・タワーシティ通信」スタート
- 4月、開局以来の朝の生ワイド「三角山モーニング」終了
- 5月、札幌弁護士会の「サツベン放送局」スタート
- 6月、札幌花き地方卸売市場の提供で「オールリクエスト！思い出花ソング」を放送
- 9月、パーソナリティ・武部未来さんの「チェアーフラサークル」スタート

北海道News

- 北海道日本ハムファイターズ、パ・リーグ制覇
- 北海道電力泊原発3号機が停止
- 39年ぶり節電要請
- ミシュランガイド北海道版が発売
- 新千歳空港にLCC3社が就航

世界・日本の出来事

- 復興庁が発足
- 東京スカイツリー開業
- 山中伸弥氏がiPS細胞でノーベル生理学・医学賞を受賞
- ロンドンオリンピック開催

Trend

- 本／聞く力（阿川佐和子）
- 映画／BRAVE HEARTS　海猿
- ドラマ／ドクターX　～外科医・大門未知子～
- 曲／真夏のSounds good !（AKB48）
- 新商品／鍋キューブ（味の素KK）

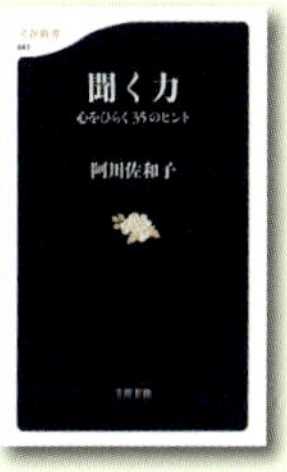

ダイバーシティ経営企業100選
促進企業表彰を受ける

2013

［平成25年］

「三角山ミュージックフェスティバル」が大盛況！

3月、三角山放送局は、経済産業省「ダイバーシティ経営企業100選」において「促進企業表彰」を受けた。障がい者や高齢者、外国人などがパーソナリティとしてバリア（障壁）の状況などを発信することで、自立を応援する地域活動とつながり、企業における能力発揮の機会を提供。さらに、放送機器等のバリアフリー化にも取り組んできたことなどが評価された。

この年は、開局15周年を迎え、さまざまな記念イベントを開催した。なかでも「三角山ミュージックフェスティバル」は、〝地域のみなさんに札幌の素晴らしいミュージシャンの音楽を聴いてほしい！〟という思いで企画したフェス形式のコンサート。7月には第一夜「三角山歌謡大全集」、11月には第二夜「AROUND The WORLD MUSIC」、翌年2月には第三夜「Jazz soul of Sapporo」を開催し、会場は大盛況だった。

10月8～14日には、開局15周年記念として「田んぼdeミュージカル」の4部作を一挙に楽しめる特別上映会を開催した。

また、北海道経済産業局表彰、札幌弁護士会の第9回「人権賞」受賞など、うれしいニュースが15周年に花を添えた。

開局15周年記念イベント第一夜に開催した「三角山歌謡大全集」

三角山topics

- 4月、「三角山人名録」スタート
- 6月、北海道経済産業局表彰を受ける
- 6月、「ハッピーエンドフェスタ」を開催
- 10月、「耳をすませば」のパーソナリティ・福田浩三さん、「おはようママゾネス」のパーソナリティ・明日香さん、逝去
- 11～12月、放送大学の学生らと共同制作した「みらい発見・北海道」を放送
- 12月、札幌弁護士会の第9回「人権賞」を受賞

北海道News

- 三浦雄一郎、80歳の史上最高齢でエベレスト登頂
- 道東で暴風雪、9人死亡
- ジャンプ女子の高梨沙羅がW杯総合優勝
- 横綱大鵬の納谷幸喜さん逝去
- 桜木紫乃、直木賞受賞

世界・日本の出来事

- 富士山が世界文化遺産に登録
- 2020年の夏季オリンピックが東京に決定
- フィリピンに巨大台風の衝撃
- ロシア中部に隕石落下

Trend

- 本／医者に殺されない47の心得（近藤誠）
- 映画／風立ちぬ
- ドラマ／あまちゃん
- 曲／恋するフォーチュンクッキー（AKB48）
- 新商品／ヘルシアコーヒー（花王）

2014

［平成26年］

障がいがある人も、ない人も！「いっしょにね！文化祭」開催

福田さんの遺志を継ぎ、新番組開始

2013年10月、パーソナリティの福田浩三さんが、急性心不全のため逝去された。網膜色素変性症という難病を患い、完全に視力を失いながらも、「耳をすませば 心が見える」を合言葉に、開局時から「耳をすませば」のパーソナリティとして、毎週、時事問題や社会ニュース、盲導犬にまつわる話題などを届けてくれていた。4月からは、新しい「耳をすませば」がスタートし、福田さんの遺志を受け継いだ。

10月には、第1回「いっしょにね！文化祭」を開催。このイベントは、障がいのある人、ない人がいっしょに、ダンス、歌、バンド演奏などのステージ発表と、絵画、工芸品などの作品展示を行う文化祭。開催準備からリハーサル、当日の楽屋でも、ともにステージを作り上げていくことで、楽しみ、助け合いながら、障がい者への理解を深める場になって欲しいと企画したものだ。今では三角山放送局の恒例イベントになっている。

放送大学の北海道学習センターとの地域連携事業で、学生が各産業のリーダーにインタビューする「みらい発見・北海道」は2年目に突入。この年は、放送大学の旭川サテライトの学生らと共同制作し放送した。

10月4日に開催した第1回「いっしょにね！文化祭」のチラシ

三角山topics

- 1月、「親子でポン」のパーソナリティ・稲村一志さん逝去
- 2月、レバンガ北海道の応援番組「Tip Off レバンガ」スタート
- 7～8月、「琴似まちもりカフェ」公開生放送、シャッターアートの模様も生中継
- 12月、「ありがとう週刊マック　感謝のつどい」の公開収録を開催

北海道News

- スキージャンプの葛西紀明、ソチ冬季オリンピックで最年長メダル
- 小樽で4人死傷の飲酒ひき逃げ事件
- 北海道電力が電気料金を再値上げ
- 女子ジャンプの高梨沙羅、W杯ジャンプ総合2連覇
- 札幌市北区でボンベ爆発事件相次ぐ

世界・日本の出来事

- 御嶽山が噴火、58人死亡
- 消費税率8％に引き上げ
- 広島県の集中豪雨で74人死亡
- 富岡製糸場が世界文化遺産に登録
- 韓国のセウォル号が沈没

Trend

- 本／長生きしたけりゃふくらはぎをもみなさい（槙孝子）
- 映画／アナと雪の女王
- ドラマ／HERO
- 曲／R.Y.U.S.E.I.（三代目 J Soul Brothers from EXILE TRIBE）
- 新商品／カップヌードル　トムヤムクンヌードル（日清）

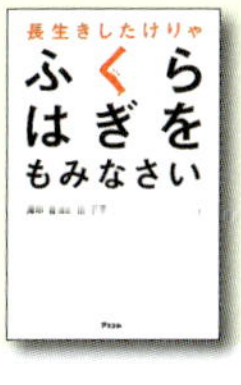

地域密着情報誌「マガジン762」が創刊10周年を迎える

2015
［平成27年］

大貫妙子さんの特別番組を放送

　2005年に創刊した地域密着情報誌「マガジン762（旧・三角山の友）」が10周年を迎え、4月に節目の40号を発行。読者のニーズに応えながらリニューアルし、刊行を重ねるごとに地域での愛着度も深まってきた。

　5月には、西区西野にある自然食品の店「まほろば」との連携により、デビュー40周年を迎えたシンガー・ソングライター、大貫妙子さんの特別番組「大貫妙子・サッポロライフ」を2週に渡って放送。大貫さんと「まほろば」の社長・宮下周平さんをスタジオに迎え、大貫さんと札幌の縁、暮らしぶりなどを伺いながら、リスナーや市民パーソナリティからリクエストを募った大貫さんの名曲の数々を紹介した。

　6月には、世界で初めて無農薬・無施肥のリンゴの栽培に成功した〝奇跡のリンゴ〟の木村秋則さんが校長を務める、仁木町の「Ｈｏｋｋａｉｄｏ木村秋則自然栽培農学校」のメンバーによる自然栽培ＰＲ番組「自然栽培のチカラ」がスタート。

　また、ＡＬＳ（筋萎縮性側索硬化症）と闘いながらパーソナリティを続ける米沢和也さんの番組「ＡＬＳのたわごと」（Ｐ20参照）が始まったのも6月だった。

二十四軒公園で開催した「琴似二十四軒まちもりカフェ」の様子

三角山topics

- 4月、北海道ラジオの会にて「第1回北のラジオドラマ大賞」募集開始
- 6月、三角山カルチャー教室「寿時瑞祥の暮らしに役立つ手相と人相」スタート
- 8月、二十四軒まちもりカフェ開催
- 11月、札幌弁護士会の番組「札幌弁護士会の知恵袋」スタート

北海道News

- 北海道日本ハムファイターズの大谷翔平が投手3冠に輝く
- 砂川で衝突事故、一家4人が死亡
- スキージャンプの葛西紀明がW杯最年長（当時）で表彰台
- 苫小牧沖でフェリー火災

世界・日本の出来事

- ノーベル賞を日本人2人が受賞
- マイナンバー法が施行
- くい打ちデータ改ざん、全国で発覚
- 北陸新幹線が開業
- パリで同時多発テロ、劇場襲撃などで計130人死亡
- ネパールで大地震発生、死者8千人超

Trend

- 本／火花（又吉直樹）
- 映画／ジュラシック・ワールド
- ドラマ／下町ロケット
- 曲／ひまわりの約束（秦基博）
- 新商品／乳酸菌ショコラ（ロッテ）

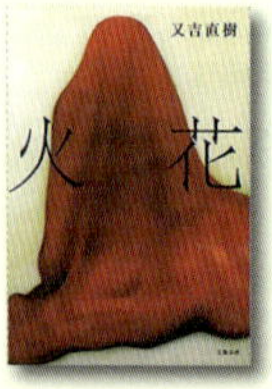

2016

[平成28年]

地域の隠れた名品を発信する「三角山市場ドットコム」を開設

西区商店街・商店会アワー、放送開始

「ITでマザル、ハタラク、拓き合う」社会の創造を目指し、ITを活用して障がいのある人の社会参加と就労を支援しているNPO法人「札幌チャレンジド」。その活動15周年企画として、活動内容を紹介する番組「札チャレラジオ通信」が1月からスタートし、12月まで全50回に渡って放送した。

4月には、「西区商店街・商店会アワー」が放送開始。発寒商店街、発寒北商店街、八軒東商店会のメンバーが週替わりでパーソナリティを務め、我が商店街・商店会のお店・会社紹介をはじめ、今月のトピックス、イベント情報などをそれぞれが発信した。現在は、発寒商店街、発寒北商店街、八軒商店会、琴似商店街が参加している。

7月には、三角山放送局が厳選した地域発の知られざる名品を発信するネットショップ「三角山市場ドットコム」を開設。「地域の情報発信の拠点として、地域の商品力をアピールしたい！」との思いから、ネットショップオープンに至った。取り扱う商品は、地域の個人店、企業から、手作り雑貨や福祉作業所の作品まで、「いっしょに、ねっ！」の三角山放送局ならではのセレクトを大切にした。

地域の〝いいモノ〟を集めた「三角山市場ドットコム」をオープン

三角山topics

- 2月、「コトニ弁護士カフェ」スタート。
- 7月、第1回「自然栽培マルシェ」開催
- 9月、防災番組「安全安心わが街わが家」スタート
- 12月、八軒連合町内会と「地域防災保育フォーラム」開催

北海道News

- 北海道日本ハムファイターズが10年ぶり日本一に！
- 北海道新幹線が開業
- 台風が連続上陸、甚大な被害
- 北海道コンサドーレ札幌がJ1に返り咲き
- 夏の甲子園大会で北海高が準優勝

世界・日本の出来事

- 熊本で最大震度7の連続地震
- リオオリンピックで日本が史上最多メダル
- 選挙権年齢が18歳以上に
- 米大統領選でトランプ氏勝利
- 英国がEU離脱を選択

Trend

- 本／天才（石原慎太郎）
- 映画／君の名は。
- ドラマ／逃げるは恥だが役に立つ
- 曲／前前前世（RADWIMPS）
- 新商品／キュキュット CLEAR 泡スプレー（花王）

北海道コミュニティ放送大賞 番組部門大賞を受賞！

2017

[平成29年]

「読書でラララ」の久住邦晴さん逝去

開局当初からパーソナリティとして活躍して下さった山本博子さんの番組「飛び出せ車イス」が終了。番組では、バリアフリーの店を紹介するコーナー「車イスで行ける、いいお店見つけた」が大きな反響を呼び、２０００年には、コーナーと連動した携帯サイトも開設。番組終了時には、「ありがとう」の気持ちを込めて、感謝状を贈った。

８月、「読書でラララ」のパーソナリティで、くすみ書房・社長の久住邦晴さんが逝去。久住さんと木原くみこは札幌西高の同級生で、開局の相談を真っ先にしたのも久住さんだった。以来、陰となり日向となり、三角山放送局を支えてくれた。８月末、久住さんの未完の遺稿を再編集、書籍化した『奇跡の本屋をつくりたい　くすみ書房のオヤジが残したもの』が発刊され、今も版を重ねている。

10月には、岩見沢で開催された「コミュニティFM全道フォーラム」において、三角山放送局制作の番組「声を失ってもラジオを続けたい～ALS患者のパーソナリティ米沢和也さんの挑戦～」（P20参照）が、第12回北海道コミュニティ放送大賞　番組部門大賞を受賞した。

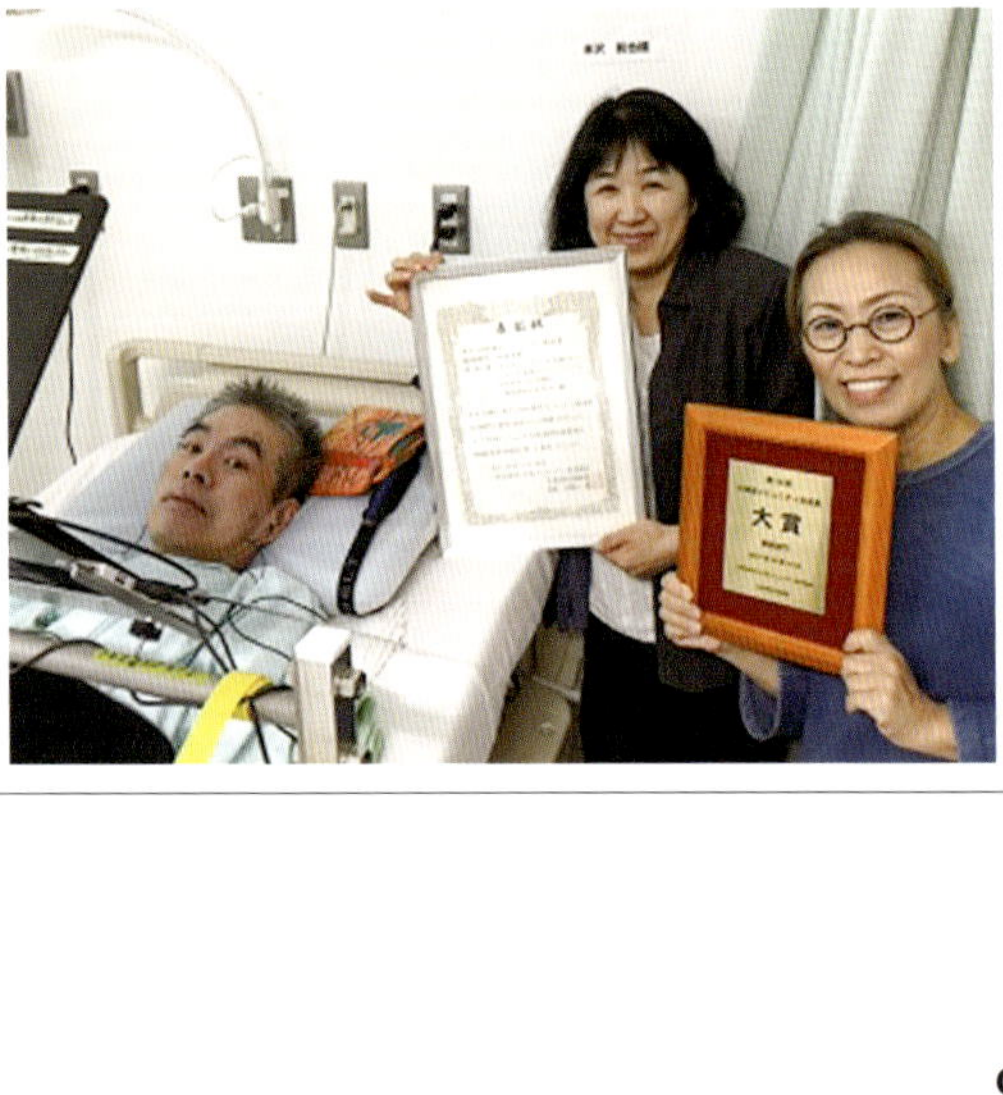

受賞の喜びを分かち合う米沢さん、佐藤さん、木原

三角山topics

- ４月、札幌大谷大学社会学部地域社会学科メディアゼミ生（杉澤ゼミ)による「たにラジ」スタート
- ９月、西区環境まちづくり協議会との連携番組「ぼくたちのエコライフ」スタート。全８回放送
- 12月、「キッズラジオ　ハッチケンズ」スタート

北海道News

- 北朝鮮の発射したミサイルが北海道上空通過
- 北海道日本ハムファイターズ・大谷翔平が大リーグ挑戦を表明
- 札幌と帯広でアジア冬季競技大会開催
- 米軍オスプレイが道内で訓練
- 日勝峠が１年２か月ぶりに復旧

世界・日本の出来事

- プレミアムフライデー初実施
- 森友学園問題、加計学園問題が国会で追及される
- 日系英国人のカズオ・イシグロがノーベル文学賞を受賞
- シリア民主軍、ISILが首都とするラッカの解放を宣言
- ジンバブエでクーデター発生

Trend

- 本／九十歳。何がめでたい（佐藤愛子）
- 映画／美女と野獣
- ドラマ／緊急取調室 第２期
- 曲／インフルエンサー(乃木坂46)
- 新商品／クラフトボス（サントリー）

2018

［平成30年］

開局20周年、三角山の夏まつり 8時間の公開生放送で盛り上がる

全道停電の非常時も、情報を発信！

1月、地域密着情報誌「マガジン762」が50号の節目を迎えた。7月に発行した53号では、スマートフォンでQRコードを読み取るとラジオCMが流れる〝聞こえるマガジン〟企画を掲載した。

7月22日には、「開局20周年三角山放送局の夏まつり」を開催。レンガの館のコミュニティホールにパーソナリティが大集合し、三角山放送局の歴史を振り返る8時間の公開生放送を行った。山の手高校合唱部やチェアーフラサークル「アーネラ」のステージ発表のほか、手作り雑貨や小物の市場ブース、ビールや焼肉セットなどの飲食コーナーも登場。食べて飲んで楽しめる、にぎやかなお祭りとなった。

9月6日、北海道胆振東部地震が発生し、全道がブラックアウトに。三角山放送局では、停電の中、発電機を回し、地震関連の情報番組を放送した。翌日19時に電気は復旧したが、システムの故障、発電機の不具合、燃料不足などハード面でのさまざまなトラブルを抱えながらも、9月6日～10日の4日間、ライフライン関連情報や節電の呼びかけを途絶えることなく放送し続けた。ラジオの存在意義を改めて実感した出来事だった。

「開局20周年三角山放送局の夏まつり」にて公開生放送のひとコマ

三角山topics

- 3月、防災特別番組「八軒防災ミーティング～災害に負けない地域を目指して」放送
- 4月、「喜瀬ひろしの青春演歌」をSTVラジオとの共同制作でスタート
- 7月、「開局20周年、三角山の夏まつり」にて、東邦交通・今井一彦社長、パーソナリティの丸山哲秀さん、新田郷子さん、ダニー千葉さんに感謝状授与
- 7月、「聴いて実践！COOL CHOICEでエコライフ」を放送、全33回

北海道News

- 北海道胆振東部地震が発生、厚真町で震度7
- 全道でブラックアウト
- 平昌冬季オリンピックで道産子選手大活躍
- 国交相がJR北海道へ経営改善に向けて監督命令

世界・日本の出来事

- オウム真理教事件に関与した死刑囚全員の死刑が執行
- 韓国の文在寅大統領と北朝鮮の金正恩委員長が南北首脳会談

Trend

- 本／漫画 君たちはどう生きるか（原作・吉野源三郎、漫画・羽賀翔一）
- 映画／劇場版コード・ブルー -ドクターヘリ緊急救命-
- ドラマ／99.9 -刑事専門弁護士- SEASON Ⅱ
- 曲／U.S.A.（DA PUMP）
- 新商品／本麒麟（キリンビール）

三角山グラフィティ①

今だから話せる裏話

MDが活躍していた、あの頃

2008年に自動送出装置（APS）を導入するまでは、特別に作っていただいた簡易なCM送出装置を活用したり、MDのジョグダイヤルと格闘しながらCMを送出したりしていました。MDでCMを流していたなんて、今思うと、身震いしちゃいます。

勇み足か、若気の至りか

開局史上、最大の痛手がこれ。1998年の開局の年、大きな野外フェスや、今を時めく松尾スズキ作の演劇を上演するなど“開局記念”と銘打ったイベントを立て続けに主催した結果、とんでもない大赤字を叩き出してしまった。これがネックとなり、その後、数年に渡って厳しい経営状況が続くことに…。後年、木原くみこがよく振り返り、溜息をつきながら漏らしていた苦い思い出です。

台風の影響でハラハラ

2003年8月10日、北海道開発局「道の日」イベントで、サッポロファクトリーアトリウムを会場に、FMわっかない、FMいるか、FMねむろとの共同制作を手掛けた時のこと。各局は、稚内、函館、根室とそれぞれ北海道の端っこから当日の朝出発し、18時の番組終了まで中継を入れながら、特産品を札幌に届けるというプログラムでした。ところが、台風10号の影響で、道東は大雨が続き、基幹道路が通行止めに。函館、稚内チームは無事到着したものの、根室チームは迂回や足止めを余儀なくされ、スタッフ一同ハラハラ。最終的には、開発局担当者の見事なナビのおかげで、無事時間内に札幌到着を果たしました。

雑談がそのままネット配信！

Ustreamでスタジオ映像を流していた頃。生放送終了後、配信停止にし忘れ、スタジオでパーソナリティとスタッフが打ち合わせや雑談をしている様子がそのままネット中継されていました。何を話していたのだろう…。マジメな内容であったことを祈るばかり。

想像と違って、すみません！

開局数年後のこと、さっぽろ雪まつり開催中に、一人のスキーウェア姿の男性がふらりと局へ。聞けば、台湾から来たという。インターネット放送で三角山放送局を聴き、まだどの放送局も実施していないインターネット放送をしているラジオ局なので、ぜひ一度、この目で見てみたかった、と。どうやら日本の中でも最先端の放送局と思われていたみたい…。小さな放送局で驚いていました（笑）。何だか、すみません。当時、三角山カフェには、中国語を勉強しているスタッフがいて、彼女が通訳してくれました。

放送局のカギを落とし、あわや…

かつて「三角山モーニング」（月～金曜 7:00 ～ 10:00）を担当していた時のこと。雪がしんしんと降っている、真っ暗な真冬の早朝――。局に着いてからカギがないことに気づき、慌てて自宅の駐車場へ戻ってみると、案の定、駐車場の雪上にカギがそのまま落ちていました。命拾いして、放送も何とか間に合いました。もしもカギが雪に埋もれていたら、放送に穴をあけてしまっていたかも。（by 杉澤）

多忙な時代のやらかし事件

早朝番組の日、自宅を出るのはいつも 5 時 45 分ごろ。ところが、ある朝、目覚めたら、時計は 6 時 35 分！　慌ててパジャマの上に服を着て、車に乗り込み、放送局へ急ぎました。運転中、「何かいつもと違うなぁ」と感じながら社に着き、デスクで新聞の下読みをしていたら、やっと気が付きました。その日は日曜で、番組のない日。運転中の違和感は、カーラジオから流れる他局の番組がいつもと違ったから。土日も祝日もなく働いていたので、曜日の感覚がなかったのでしょう。全くもって休みがなかった頃（今も変わらずか…）の失敗談です。（by 杉澤）

イラスト：ミヤザキメグ

三角山モーニング

良く晴れた青空に、朝陽を浴びた三角山…。

美しい三角すいのフォルム、三角山のふもとにある三角山放送局。

その三角山放送局の朝は、とびきり元気な浅野千寿がお相手します。

ディレクター杉澤洋輝も卓を回しながら、トークに参加します。

今日１日のスタートにピッタリのプログラムです。

(月)〜(金)：あさ７時〜９時
出　演：浅野千寿／杉澤洋輝
キーワードはネットワーク・ニュース・地域情報

ポカポカ

三角山放送局の午前中は、"女性"をテーマにした３時間生ワイド番組。
主婦・ＯＬ・働くお母さん・さらに長い人生を生き抜いてきたお婆さんまで、そんな女性たちのイマを伝えます。
春の陽だまりのように、ちょっぴり暖かくて、時にはちょっぴりドキッとする風が吹く…。
そんな番組が「ポカポカ」です。

(月)〜(金)：あさ９時〜正午
出　演：鈴木一平と三角山ガールズ
キーワードは女性・家族・生活通販・相談

三角山タウン・ボイス　アナタが主役

三角山の午後はマチに出ます。
"テッテイ的に地域"を合い言葉として、西区を中心にした３時間のタウン・生ワイド。
「いっしょに、ねっ」をコンセプトに住民参加型番組が多い三角山放送局の中で、特にほぼ完全な"住民参加型番組"です。

(月)〜(金)：正午〜ごご３時
出　演：深澤雅一（月〜水）
　　　　小谷直美（木〜金）
キーワードは街・買い物・会社・商店街・家族
近所・町内会・ストリート・伝言板

三角山ひろば

夕方６時までの３時間は、フリートークと心地よい音楽を中心とした、ゆったりプログラム。面白くてちょっとためになるエッセイ風のお話と、音楽。番組のナビゲーターは、放送局のディレクターたちが兼任であい務めます。

三角山の夕暮れはちょっとイイ話が聞こえてきます。

(月)〜(金)：ごご３時〜ごご６時
出　演：太田明子（平成の開拓者）／山本博子（とびだせ！車イス）
　　　　竹岡雅史（ガイアウェーブ）／福田浩三（耳をすませば）
　　　　森久美子（わがママ参上）／朗読ボランティアグループ（葦の会）
　　　　読み語りグループ（トトロの会）／高橋正和（コンカリーニョ）
　　　　嵯峨治彦（馬頭琴演奏者）

三角山リレー・エッセイ

土曜日の三角山は、原則として言いたい放題。

集まってくる人たちが日ごろ思っていること、不満に思っていること、最近嬉しかった話、心が暖かくなった話…。

「三角山リレー・エッセイ」は、大人のメッセージボードです。

(土)：あさ９時〜ごご６時
出　演：佐々木淑恵／志羅山美香／波平／河村通夫／清水幹夫
　　　　遠藤美紀／宮本耕司／丸山哲秀／佐々木幸男

クロワッサン96 We SUN

三角山の日曜日。それは毎週行われる子供たちの「何でも発表会」。誰でも一度は主人公になれる瞬間があるものです。
学校以外で見せる子供たちの素顔を、この三角山で見せて欲しい。そんな思いから生まれた番組です。
今の日本社会は問題山積。三角山放送局が何かできるとしたなら、彼らにのびのびと表現できる場を提供してあげることではないかと考えております。

道内初！

三角山放送局ではインターネットにより、ON AIRと同時に全世界へ向けて放送を発信しております。

ただ、聴くだけではなく、「見えるラジオ」「参加するラジオ」として、インターネットならではのプログラムを設けました。

Sankakuyama Broadcasting Internet Special Program

TOKYO TRASH

(金)：よる１１時〜深夜１時
出　演：山口裕美
【インターネット２元放送】

Beauty and the Beast

(土)：よる１１時〜深夜１時
出　演：オスカープロモーション
【チャットによる参加型番組】

三角山放送局のプログラムは、終日インターネットでもお楽しみ頂けます。
※インターネットでお聴き頂くには［リアルプレーヤー］が必要です。
中でも三角山放送局がインターネットを120％活かしたと自負する、スペシャルなライブプログラムを、週末のよる11時からの2時間お楽しみ下さい！

金曜日は東京の山口裕美と三角山放送局のスタジオを結んでの二元放送、土曜日は今人気絶頂のオスカープロモーションのモデルたちとチャットで会話をし、リスナーが実際に番組に参加するプログラムとなっております。

ホームページアドレス　http://www.sankakuyama.co.jp/
電子メールアドレス　request@sankakuyama.co.jp

三角山MAP

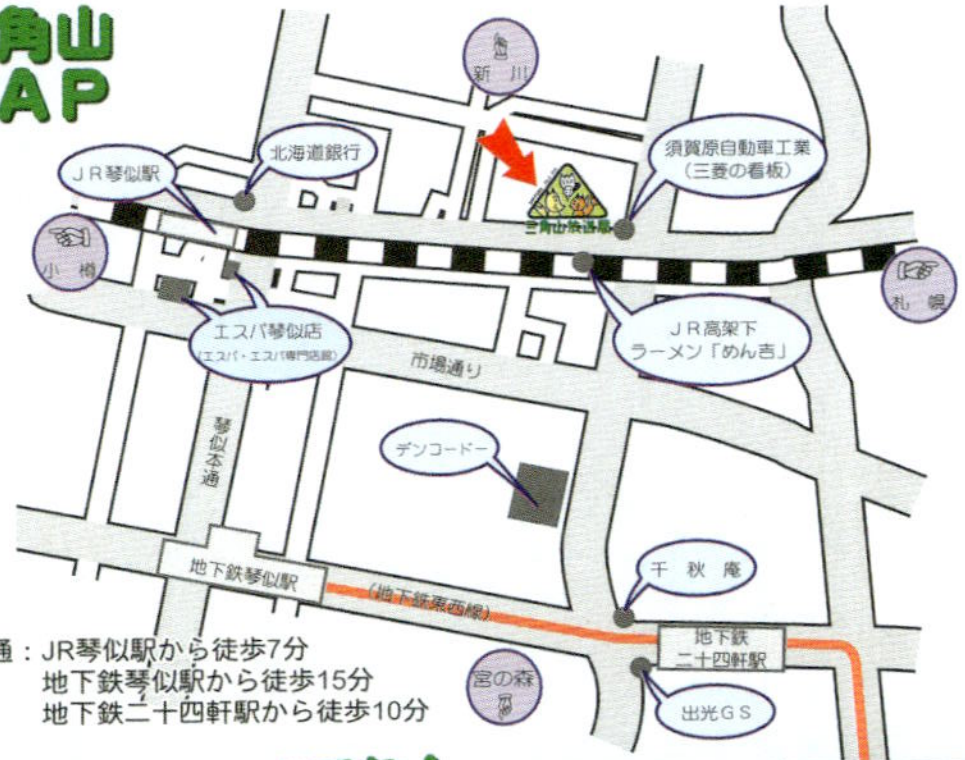

交通：JR琴似駅から徒歩7分
　　　地下鉄琴似駅から徒歩15分
　　　地下鉄二十四軒駅から徒歩10分

みんなで遊びにきてね！

三角山ガールズです！

三角山放送局の女子社員の面々…。

あるときはディレクター、またあるときはレポーターとして、大はりきり！

もちろん、みなさんにお出で頂いた際には、美味しいコーヒーと楽しいトークでおもてなしします。

元気いっぱいの三角山ガールズは、左上から時計回りに、「みっちゃん」「まどちん」「えりちゃん」「のんちゃん」。

街で見かけたら気軽に声をかけて下さいね！

アナタの街の三角山放送局共々、末長いお付き合いをお願いします。

三角山放送局／㈱らむれす
〒063-0861
札幌市西区八軒１条東４丁目１−１１　泰伸ビル１Ｆ

Time Table

RAM らむれす

いっしょに、ねっ。みんなのラジオ。

SAPPORO 76.2 FM

三角山放送局

76.2MHz FM

三角山放送局は４月１日に、札幌で3番目のコミュニティ放送局として開局しました。
私たちは単に情報を発信するばかりではなく、一人ひとりの思いや声を大切に、西区の「生活ステーション」として、いっしょに暮らし、伝え参加する番組づくりを基本にします。また、時代を先取りして、道内初

三角山放送局

Time Table 76.2MHz FM

月 火 水 木 金 土 日

6 7 8 9 10 11 12 13 14 15 16 17 18 19 20 21 22 23 24

Horisons CS（衛星放送）

三角山モーニング

出演：浅野 千寿・杉澤 洋輝

◆三角山の朝 ◆朝刊拾い読み ◆寿時瑞祥の今日の運勢
◆JBリクエスト ◆ネットワーク212 ◆農業バンザイ！ ◆コミュニティの輪っ！
◆一攫千金公募コーナー ◆マイソング・マイダイエット ◆天気情報 ◆交通情報（西区SSホットライン）
◆エルムタクシー情報

World Hits Now

CS（衛星放送）

ポカポカ

出演：鈴木 一平

◆一平の家業の人 ◆一村一人間 ◆とりあえずリクエスト
◆ラジオDEショッピング ◆小さな声をポケットに ◆勝ち抜き！夫自慢
◆奥様DJ ◆ラッキー三角山レポート（お料理、お店、スポット、趣味、サークルなどなど）
◆ランチは楽し ◆お母さんの言うことにゃ

三角山リレー・エッセイ

9時台
佐々木 淑恵
10時台
志羅山 美香
11時台
波 平
12時台
河村 通夫
13時台
清水 幹夫
14時台
遠藤 美紀
15時台
宮本 耕司
16時台
丸山 哲秀
17時台
佐々木 幸男

クロワッサン 96 wa SUN

出演：川西 裕二
新井 栄美

◆今日のテーマ
◆オールアバウトランキング（CD、本、ビデオ、ゲーム、カラオケ etc）
◆ダイヤル76.2 なんでも相談室
◆ラジオDEショッピング
◆夢の給食メニュー
◆集まれ!! カラオケ対決
◆強烈ティーチャー
◆アマチュアバンドいらっしゃい!
◆ゆうじのバイバイSONG

三角山タウン・ボイス アナタが主役

出演：深澤 雅一（月～水）
小谷 直美（木・金）

◆我ら商店街＆カンパニー ◆西区・ザ・No.1 ◆ワンニャン物語 ◆お見舞いリクエスト ◆童謡タイム
◆ラジオDEショッピング ◆西区アート＆イベント ◆西区だより ◆（金）じゃらんDEグルメ

三角山ひろば

◆エッセイタイム〔朗読グループ「蔓の会」〕（月～金）
〔読み語りグループ「トトロの会」〕
◆西区SSホットライン

月	火	水	木	金
平成の開拓者 太田 明子	飛び出せ!!車イス 山本 博子	ガイアウェーブ 竹岡 雅史	耳をすませば 福田 浩三	わがママ参上！ 森 久美子
JAZZ to the World	コンカリーニョの仲間たち 出演：高橋 正和	新譜情報 協力：玉光堂琴似店	レコード・アワー 協力：レコーズ・レコーズ琴似店	世界音楽めぐり DJ：嵯峨 治彦

The Hot Zone ～J-POPゾーン

DJ：斉藤 リョーツ
CS（衛星放送）

The Island CS（衛星放送）

Treasure Chest

DJ：南 美布
CS（衛星放送）

The Island

CS（衛星放送）

The Breeze

DJ：白石 りさ
CS（衛星放送）

24:00～ 放送休止

Sankakuyama Broadcasting Internet Special Program

TOKYO TRASH

インターネット二元放送
出演：山口 裕美

Beauty and the Beast

出演 オスカープロモーション

25:00～ 放送休止

開局記念プレゼント

いっしょに、ねっ。みんなのラジオ。

お聴きになった番組名と感想を、ハガキ、FAX、または電子メールでお送り下さい。
抽選で100名の皆様にプレゼントをお贈りします。

Tel.011-640-3330　Fax.011-640-3331
URL http://www.sankakuyama.co.jp/
e-mail request@sankakuyama.co.jp

リクエスト TEL.011-640-3330 FAX.011-640-3331 E-mail.request@sankakuyama.co.jp
〒063-0841 札幌市西区八軒1条西1丁目2-5 お便りでもどうぞ!!

金 FRI

楽ミュージアム
=奈良真乃介

**フィンラビット
ーション**
=札幌ヒューマンズネット

=渡辺望未 ~11:30

かしの流行歌を訪ねて（不定期）
演=青砥純 9:30~10:00
ニ弁護士カフェ 10:30~10:45
演=小野暁世史、長友隆典
供：琴似あかつき法律事務所、
長友国際法律事務所）

イターズ金子誠の週刊マック
=金子誠・安村真理 10:45~11:05
中道リース･パーソル AVC テクノロジー）

ラジ！
=渡辺望未 11:20~ （提供:サツドラ）

穂ラジオステーション（第1・3）
=塚原紀子 11:30~（協力:札幌刑務所）

角山 OH! 演歌
=片野朱美

曜イクコ手帖 出演=成松郁子

PPORO NAVIGATION
語・中国語・英語のみによる
語番組を週替りで放送
=申京和(韓)、陳爽(中)、翁譽真(中)、
北大ESS研究会ほか（英）

ライデースピーカーズ
=木原くみこ、森雅人、杉澤洋輝、
高橋肇（各月一回）、北郷裕美（不定期）
oday's Focus
ピーカーズ・レビュー

奏楽ミュージアム（再）

楽番組

フィンラビットステーション（再）

土 SAT

音楽番組

三角山リレーエッセイ
- 「さわやかサタデー」 加藤さや香
- 「サヴァサヴァフレンチ」 永野善広
- 「花よりダンゴ」 志羅山美香
- 「健康楽話」 岡野谷純
- 「読書キャンパス」
読書コミュニティうろこ会
- 「音楽通信」 小山孝
- 「雑学サイエンスカフェ」 青木直史
- 「独立指南」 遠藤美紀
- 「雑学の旅」 佐藤栄一
- 「アロハ！メレフラ」
田中まゆみ・村元優子・武田美幸
- 「のぶさんのこころつなぐラジオ」
佐藤伸博
- 「音を頼りに、音便り」 吉田重子
- 「風待ち、坂の途中」 川南咲月
- 「小径の小石」 山田泰三
- 「はい！枝木です」 枝木順子
- 「ドイツ文学の森」 筑和正格
- 「花凪アワー～人と人とがつながって～」
木村美和子
- 「シネマキックス」 俵屋年彦
- 「かりんずタイム」 飯塚優子
- 「ALSのたわごと」米沢和也・佐藤美由紀
- 「札チャレラジオ通信」 札幌チャレンジド
- 「サウンドシャッフル」 P net's
- 「サイバー塾」 山本強
- 「屋根裏映画館」 松野拓行
- 「先生人語」 丸山哲秀
- 「Peaceful Time」 森崎ひとみ
- 「シニアネットアワー～風サロン～」

放送予定はHPをご覧ください

音楽番組

18:00～2:00
再放送(9:00～17:00までの番組)
※生放送の9時間後

2:00～8:00 **音楽番組**

日 SUN

音楽番組

三角山放送局HP
http://www.sankakuyama.co.jp

Twitter
http://twitter.com/sankakuyama762

番組はインターネットやスマートフォンでも聴くことができます！ 詳しくはホームページで！

毎週金曜日放送の「金子誠の週刊マック」と、Jリーグ開催期間に放送中の「Radio CONSADOLE」はホームページでポッドキャストも好評配信中！

FM76.2 TIME TABLE 2019 Jan ▶ Mar

	月 MON	火 TUE	水 WED	木 THU
7 DJ762	**レコードアワー** 出演＝杉澤洋輝	**アコースティック ジェネレーション** 出演＝平出幸雄	**Collection J** 出演＝高橋伸弘	**週刊JAZZ日和** 出演＝山本弘市
8 DJ762	**世界音楽めぐり** 出演＝岡田浩安・あらひろこ・小松崎操・森末雅子・嵯峨治彦	**歌謡クロニクル** 出演＝大和秀嗣	**ミュージックロード** 出演＝浅沼修・曽山良一・岩崎弘昌・安達英一	**三角山ミュージシャ** 出演＝原大輔・藤垣秀 長沼発・佐々木
9	**トーク in クローゼット** ●寿時瑞祥の今日の運勢 月～金 9:20～			
9–11	出演＝石川純子 ●小学生日記 ●北の杜御廟 今週の思いやり 9:30～9:40 （提供：新琴似北の杜御廟） ●西区情報プラザ 11:00～ （提供：西区役所）	出演＝山形翼 ●ベンゴシさんにきいてみよう （提供：札幌弁護士会） 9：15～9：30 ●ハウオリハワイ 10:00～10:15 ●こころとからだの健康タイム 出演＝鳴海周平 10:30～10:45（第1） ●安全安心わが街わが家 10:45～10:55 ●西区まちづくり最前線 11:00～11:15 （提供：イオンモール札幌発寒）	出演＝吉田ひろみ ●アジアに純心 ●ぐうたび ON THE RADIO 10:00～10:15 （第2・4） ●ていねっていいね！ 10:45～10:55 （提供：手稲区役所・手稲警察署） ●三角山人名録 11:00～	出演＝武部未来 ●フラ日記 ●未来のLawakua ●医学ひとくち講座（第 9:30～9:40（提供：渓仁会 ●屯田兵グラフィティ 10:45～ 出演＝永峰貴・琴似屯田 **ピンクリボン in SAPP** 出演＝堺なおこ 11:00～ （提供：サミットインターナシ
11:30～	**エッセイタイム** ［朗読グループ「四季の会」］			
12	**コンサドーレ GO WEST!** 出演＝相沢明子 （提供：石屋製菓・守成クラブ ほか）	**飛び出せ車イス** 出演＝小宮加容子（第1）・鈴木博子（第3）・牧野准子（第4）	**琴似っ記** 出演＝小野詩子	**耳をすませば** 出演＝土畠智幸・加藤淳一・石 村松幹男・安積遊歩・金田一晴
13	**三角山タウンボイス アナタが主役**			
13–14	出演＝米澤美代子 ●西警察署地域安全ウィークリーニュース 13:45～13:55	出演＝山上淳子 ●お弁当大図鑑 13:50～14:00 ●月刊わっさむ（第4） （提供：和寒町） 14:00～14:30	出演＝新田郷子 ●飛び出せ 地域共同作業所 （提供：赤い羽根共同募金） 13:15～ ●ギャラリーへ行こう ●八軒まちづくり情報交流センターだより 14:15～	出演＝小山素子 ●朗読の時間 13:30～13:4 出演＝おはなしコロコロ（ ●三角山シアター （演劇・映画） 14:45～
15–16	**聴いて実践! COOL CHOICEでエコライフ** 出演＝石川純子 15:30～15:40 **モンゴルの風** 16:00～16:10 出演＝松田ヒシゲスレン **キッズラジオハッチケンズ** 16:15～16:25 （提供：道新佐藤販売所） （協力：八軒地区・八軒中央地区青少年育成委員会） **コンカリーニョインフォメーション** 出演＝高橋正和・佐々木青 16:30～	**にじいろスマイルラジオ** 出演＝田中純	**タカノマナブのキラキララジオ** 出演＝鷹野学とキラキラガールズ Twitterでつぶやく時は#タカノマナブで!	**西区商店街・商店会アワー** 15:00 出演＝発寒、発寒北、八軒、 **TANI-VERSITY** 15:30 出演＝札幌大谷大学メディアゼミ **モリマン・スキンヘッドカメラの数** **当たるOH MY ○○（ピー） GO** 出演＝モリマン・スキンヘッド
17 DJ762	**レコードアワー（再）**	**アコースティック ジェネレーション（再）**	**Collection J（再）**	**週刊JAZZ日和（**
18	**青春演歌** 出演＝喜瀬ひろし	**OTANI RADIO たにラジ**（第4） 出演＝札幌大谷大学社会学部メディアゼミ3年生 （提供：札幌大谷大学社会学部）	**北海道** 18:00～18:10 **希望をつなぐストーリー（内閣府復興支援番組）**	
19 DJ762	**世界音楽めぐり（再）**	**歌謡クロニクル（再）**	**ミュージックロード（再）**	**三角山ミュージシャン**
20～4	再放送（9：00 ～ 17：00までの番組） ※生放送の11時間			

三角山グラフィティ②

ラジオな日々のあるある話

うわぁ〜〜っ！マイクONのままだ〜〜！

生放送の番組でありがちな失敗あるある。番組中、曲紹介をして音楽を流す時、ほっとしたパーソナリティが、アナブースのカフスイッチ（マイクのON／OFFスイッチ）を下げ忘れ、ディレクターと打ち合わせする音声がそのままオンエアされてしまうことが。ディレクターが気づいて卓フェーダーを下げれば、水際で止めることができるものの､時すでに遅し…の時は、毎回冷や汗が出ます。

いや、これもいい曲なんです

パーソナリティが曲紹介した後、曲をかける際にCDトラックナンバーを間違って、まったく違う曲を流してしまうパターン。これもよくある失敗。でも、いいんです。間違った曲を流した後で､“追っかけ曲紹介”をすれば大丈夫！大丈夫なのか!?

ストップウォッチを持ってトイレへ

ワンオペ番組の場合、途中でついついトイレに行きたくなることが…。そんな窮地には､5分以上ある長めの曲を流し､ストップウォッチを持ってトイレに駆け込む！　朝の番組を1人で担当している時などは、意外と多いパターンです。90年代の曲はアウトロ（後奏）の長い曲が多いので、よく助けてもらいます。

放送終わったら、出頭しますから！

パーソナリティの遅刻、寝坊、欠席や、ゲスト出演者の失念で、ピンチを招くこともしばしばです。特に、朝イチの番組では、誰もが一度はやらかす「寝坊」というミス。なかには、焦って車を飛ばし、スピード違反で捕まった人も。警官に頼み込んで、放送終了後に出頭したそう（涙）。多数のパーソナリティが月1回などの不定期で担当する番組では、「あれ？　今日わたしでしたっけ!?」という勘違いもたまにあること。それだけ、たくさんの皆さんに参加いただいているということで、ありがたいことなのです。

邪魔してるワケじゃないんですよ

曲を流している間、なぜかSTOPボタンを押して、途中で止めてしまうことが…。たいていはかけ終わった曲を取り出したり、BGMのトラックを変えたりする際の操作ミス。今かけている曲のプレイヤーには、付箋を貼るなどの目印が必要、ゼッタイ！

イラスト：ミヤザキメグ

04

三角山放送局を支える人々

パーソナリティ名鑑

［プロフィールについて］
①誕生日　②出身地　③職業、肩書き　④血液型　⑤趣味　⑥プチ自慢　⑦好きな言葉
⑧好きな（好きだった）ラジオ番組　⑨人生を変えた一曲、一冊　⑩ひと言

安積 遊歩（あさか・ゆうほ）

担当番組／耳をすませば　第2木曜12：00～13：00　番組内容／多様性の尊重。

①2月16日　②福島県福島市生まれ　③作家、ピア・カウンセラー　④B型　⑤部屋をきれいにすること　⑥コミュニケーション力、英語　⑦自分のペースで社会を変える　⑧NHKラジオ「ラジオ深夜便」（まだ2・3回しか聴いたことがないのですが…）　⑨本＝横塚晃一『母よ！殺すな』　⑩いろんな方向から地球すべての生命を守ろうとしていること。ビーガンカウンセラー等々。

青木 直史（あおき・なおふみ）

担当番組／雑学サイエンスカフェ　第1土曜15：00～16：00（三角山リレーエッセイ）　番組内容／身近な話題をはじめとするさまざまなテーマについての漫談＆放談。

①2月23日　②札幌市生まれ　③大学教員　④O型　⑤ダイエット　⑥手品　⑦健康第一　⑧ニッポン放送「テレフォン人生相談」　⑨本＝『C言語ではじめる音のプログラミング』という本を書いてみて人生が変わりました　⑩これからもさまざまなテーマについて果敢に挑戦していきたいと思っております。

相沢 明子（あいざわ・あきこ）

担当番組／コンサドーレ GO WEST！　毎週月曜12：00～13：00　番組内容／北海道コンサドーレ札幌のサポーターをゲストに迎え、コンサドーレを応援しています。

①3月15日　②別海町生まれ　③居酒屋「よりあい酒場　fクラブ」を経営する夫の手伝い、婚礼や各種パーティの司会　④O型　⑤映画鑑賞（おもに海外の良質な小品）　⑥将来のために筋肉を付けることを意識しています　⑦今日できることを、明日に延ばすな（全くできていないので、憧れの言葉です）　⑧STVラジオ「アタックヤング」　⑨本＝アガサ・クリスティー『春にして君を離れ』　⑩コンサドーレという自分の好きなことを、好きな仲間同士でおしゃべりしているので、その楽しさが伝わっているといいなぁ〜。

あら ひろこ

担当番組／DJ762「世界音楽めぐり　カンテレの森」　第2月曜8：00～9：00　番組内容／フィンランド、スウェーデンなど北欧の伝統音楽と北欧に関連する音楽を中心にお届けしています。

①1月2日　②小樽市生まれ　③カンテレ（フィンランドの伝統楽器）奏者　④O型　⑤読書、編み物　⑥子供の頃は木登りが得意でした　⑦Let it be　⑧NHK-FM「クロスオーバーイレブン」（高校生、大学生の頃、毎晩聴いて眠りに就きました）　⑨曲＝ハンヌ・サハが弾く5弦カンテレの即興（目の前で聴いてカンテレの奥深さにのめり込みました）　⑩北欧の伝統音楽をお届けする番組は珍しいと思います。ステキな音楽をかけていますので、ぜひ聴いてみて下さい。

安達 英一（あだち・えいいち）

担当番組／DJ762「マジック・フルート～モーツァルトの楽しみ」　第4水曜8：00～9：00　番組内容／モーツァルトを中心としたクラシック音楽をオンエア。「名曲を訪ねて」「名演奏家たち」「日本のオーケストラ」等のシリーズを展開しています。

①2月6日　②美幌町生まれ、新篠津村育ち　③無職　④B型　⑤音楽、ラン、読書　⑥タイ語、ヴァイオリン演奏　⑦則天去私　⑧NHK FM「名曲のたのしみ、吉田秀和」　⑨本＝亀井勝一郎『愛の無常について』　⑩「レバンガ北海道」の大ファンで、レバンガの番組を通して三角山放送局と関わるようになりました。モーツァルトをこよなく愛し、吉田秀和氏の「名曲のたのしみ」は、永遠の憧れ。

浅沼 修（あさぬま・おさむ）

担当番組／DJ762「時計台のある街」第1水曜8：00～9：00　番組内容／浅沼自身の楽曲とトーク。

①6月10日　②札幌市生まれ　③シンガーソングライター　④O型　⑤家庭菜園、旅行　⑥わずか1～2分で眠りに入れる　⑦世界はあるがままに 今ここに現れている　⑧ニッポン放送「P盤アワー」　⑨本＝玄奘『大唐西域記』、曲＝コニー・スティーヴンス「ミスター・ソングライター」　⑩古の歌心の道に連なること。

石川 理恵（いしかわ・りえ）

担当番組／耳をすませば　木曜12：00～13：00（不定期）　番組内容／だれもが「いっしょに！楽しく暮らす」をテーマに各活動を紹介。私は、障がい児・者のダンスサークルの活動と共生社会へ向けた取り組みを紹介しています。

①10月17日　②美唄市生まれ　③特別支援学校教諭、ダンスインストラクター　④B型　⑤鑑賞(ミュージカル、サーカス、ディズニー、美術館、スポーツ 寺院 etc)。そして、どこにでも観に行っちゃう（道外でも海外でも）　⑥何気に細かな作業が得意　⑦日々是好日　⑧TOKYO FM「SUNTORY SATURDAY WAITING BAR AVANTI」　⑨本＝シェル・シルヴェスタイン『ぼくを探しに』　⑩ダンスはだれでも楽しめる！をモットーに頑張っています。

石川 純子（いしかわ・じゅんこ）

担当番組／トーク in クローゼット　毎週月曜9：00～12：00、三角山放送局からのお知らせ　月曜15：00～16：00　番組内容／「今日の運勢」や「純子のチョッとおいしいディナー」をはじめ、長く続けている「小学生日記」では、小学校と電話をつなぎ、今取り組んでいることや季節の話題などを校歌にのせてお伝えしています。

①11月28日　②函館市生まれ　③主婦、時々司会者　④A型　⑤料理　⑥サクランボの柄を舌で結ぶことができる　⑦ありがとう、一生青春　⑧ニッポン放送「オールナイトニッポン」など　⑨本＝町田貞子『娘に伝えたいこと 本当の幸せを知ってもらうために』、曲＝岡村孝子「夢をあきらめないで」　⑩新しい一週間が楽しく始まることを願って放送しています。

飯塚 優子（いいづか・ゆうこ）

担当番組／かりんずたいむ　第4土曜11：00～12：00（三角山リレーエッセイ）　番組内容／雑感おしゃべりとお気に入りの音楽、ゲストトークとレッドベリースタジオの催しのご案内も。

①—　②新得町生まれ　③レッドベリースタジオ主宰、札幌演劇シーズン実行委員会・事務局長　④A型　⑤日帰り旅　⑥庭のカリンズ、ラズベリー、カシスでジャムを作ります　⑦ありがとう、またね　⑧TBSラジオ「夜のバラード」　⑨本＝寺山修司『青女論』　⑩根がミーハーで、いつもステキなことを見つけるアンテナを張っています。

遠藤 美紀（えんどう・みき）

担当番組／遠藤美紀の独立指南　第2・4土曜9：00～10：00（三角山リレーエッセイ）　番組内容／経済、経営に関する雑学を生活感たっぷりにお伝えしています。

①2月17日　②札幌市生まれ　③古着業界で35年　④B型　⑤山岳画、長唄(杵屋勝美紀)　⑥反骨精神、忖度しない　⑦努力は必ず報われる　⑧TBSラジオ「荻上チキ Session-22」　⑨本＝芥川龍之介『手巾』　⑩20歳の頃、独身主義を宣言、それから50年、自由奔放に生きてきた。放送も話題がポンポンと飛び回り、先が見えない。朝刊片手にスタジオ入り。「何とかなってんのかナー」と、時折自分の力の抜け方がハンパじゃないことにヤバさを感じながらマイクに向かう。使用楽曲は詩を伝えたく邦楽を選曲。

枝木 順子（えだき・じゅんこ）

担当番組／はい！枝木です　第3土曜13：00～14：00（三角山リレーエッセイ）　番組内容／最近、気になる政治の怒りをぶちまけています。

①11月18日　②東京都生まれ　③愛全会グループのエグゼクティブ・アドバイザー　④A型　⑤旅と読書　⑥睡眠に関しては天才的。枕に頭をつけ、ものの3秒で幸せな世界に落ちてゆきます　⑦人生に無駄なことは何一つない　⑧NHK FM「クラシックアワー」　⑨本＝夏目漱石『こころ』。20代に読み、年齢を重ねる度に違う読後感が得られ、何て奥の深い本だろうと感じ入ります　⑩周囲からは限りなくB型に近いと言われます。一度始めたら途中下車しない性格で、ウォーキング歴は40年。現在継続中。

岩崎 弘昌（いわさき・ひろまさ）

担当番組／DJ762「いつでもクラシック」　第3水曜8：00～9：00　番組内容／クラシック音楽を中心に、楽しいおしゃべりでお送りしています。

①11月24日　②滝川市生まれ　③札幌交響楽団副首席オーボエ奏者、北海道教育大学岩見沢校非常勤講師　④A型　⑤オートバイ、車関連　⑥元気、建康　⑦感謝　⑧ニッポン放送「オールナイトニッポン」　⑨曲＝ベートーヴェンの交響曲　⑩いつでも、どこでも演奏します！（＋何でも！）

岡野谷 純（おかのや・じゅん）

担当番組／健康楽話（けんこうらくわ）　偶数月の第１土曜 12：00～13：00（三角山リレーエッセイ）　番組内容／ご家族やお友達の健康や安全について、聞いて・知って・ご一緒に考える番組です。BGM は Progressive Rock。

①10月9日　②東京都生まれ　③NPO法人日本ファーストエイドソサエティ　④C型（笑）　⑤ロックライブ　⑥スペイン語の翻訳　⑦夕べありき、明日ありき、夕べと明日の間には、ただ努力あるのみ　⑧NHKラジオ「大相撲中継」、NHK-FM「ワールドロックナウ」（渋谷陽一さんのプログレOnly番組）　⑨本＝ポール・ギャリコの短編、曲＝Camel「The Snow Goose」　⑩健康や安全について語る1時間番組は、世界的にみてもレア！　ご家族みなさんでお楽しみください。

岡田 浩安（おかだ・ひろやす）

担当番組／DJ762「世界音楽めぐり VIVA LA MUSICA」　第１月曜8:00～9:00　番組内容／南米のフォルクローレと世界のコアな音楽を偏った視点で紹介する番組。

①6月23日　②静岡県生まれ　③音楽家　④A型　⑤プロ野球ウォッチ　⑥かつてあったNHKのオーディションを受けた事がある（審査員長は藤山一郎）　⑦Que sera sera　⑧TBSラジオ「爆笑問題カーボーイ」　⑨曲＝「風とケーナのロマンス」　⑩北海道でフォルクローレをやっています。コンサート等、是非いらして下さい！

大友 亨（おおとも・とおる）

発寒北商店街

担当番組／西区商店街・商店会アワー　木曜15：00～15：30　番組内容／発寒、発寒北、八軒、琴似の各商店街のメンバーが、それぞれの街の店紹介や情報を発信する番組。

①11月12日　②紋別市生まれ　③発寒北商店街振興組合・副理事長　④O型　⑤強いて言うならdrive　⑥高校時代、弓道北海道少年男子代表で琵琶湖国体出場し、団体8位入賞　⑦明けない朝はない　⑧ニッポン放送「オールナイトニッポン」、STVラジオ「アタックヤング」　⑨—　⑩まちづくりに励む商店街のオヤジです。放送で少しでも商店街の魅力をお伝えできればと思っています。お付き合いください。

小野 暁世史（おの・あきよし）

担当番組／コトニ弁護士カフェ　隔週金曜10：30～10：45　番組内容／地域に根差した法律事務所のアピールと法律上の話題をお届けしています。同じく琴似の弁護士・長友隆典先生と週交代で担当。

①9月10日　②群馬県生まれ　③弁護士　④A型　⑤サッカー、自転車、読書　⑥9年ほど前、埼玉から福岡まで自転車で走りました。現在はその時と比べものにならないくらい貫禄（太った）がつきました　⑦前向き　⑧STVラジオ「明石英一郎のアタックヤング」　⑨まだありません。これから見つかるのではとワクワクしています　⑩地域の皆様に琴似の法律事務所の存在を知っていただき、弁護士を身近に感じていただけるよう、身近な法律の話題を取り上げています。皆様のお悩みが少しでも軽くなればと思います。

鬼塚 広文（おにづか・ひろふみ）

八軒商店会

担当番組／西区商店街・商店会アワー　木曜15：00～15：30　番組内容／発寒、発寒北、八軒、琴似の各商店街のメンバーが、それぞれの街の店紹介や情報を発信する番組。

①5月13日　②福岡県生まれ　③広告代理店・代表、肉まん専門店・店主、八軒商店会幹事長、八軒中央連合町内会副会長　④A型　⑤映画鑑賞、仕事　⑥決断を即決できる事　⑦成せば成る　⑧—　⑨好きな歌手はSOULHEAD、熊木杏里　⑩NOと言いません

岡本（おかもと）

スキンヘッドカメラ（写真左）

担当番組／モリマン・スキンヘッドカメラの数打ちゃ当たるOH MY ○○（ピー）GOD！　毎週木曜16：00～17：00　番組内容／三角山放送局の番組の中で一番エッジの効いた番組です。

①3月31日　②札幌市生まれ　③お笑い芸人　④O型　⑤競馬　⑥麻雀　⑦本は人生の味方　⑧TBSラジオ「伊集院光 深夜の馬鹿力」　⑨本＝伊坂幸太郎『砂漠』　⑩もう1本レギュラー番組をください！

片野 朱美（かたの・あけみ）

担当番組／三角山OH！演歌　毎週金曜12：00～13：00　番組内容／演歌を応援する番組です。

①5月12日　②札幌市生まれ　③北海道大衆音楽協会・常務理事、カラオケ講師　④O型　⑤ネイル（月1・2回はサロンに行ってテンションを上げている）　⑥カラオケ大会で北海道1位、全国3位に！　⑦おもいやり　⑧ニッポン放送「オールナイトニッポン」　⑨曲＝藤あや子「かげろう」　⑩何事にも前向きにポジティブに取り組み、一生懸命を忘れず、失敗を恐れず、明るく日々を送っています。

翁 譽真（おん・よじん）

担当番組／SAPPORO NAVIGATION　金曜14：00～15：00　番組内容／台湾式の中国語で、台湾についてのニュースを含め、最新情報を発信しています。

①5月18日　②台湾桃園生まれ　③北海道大学メディア・観光学院の大学院生　④A型　⑤観光、友達づくり、グルメ巡り、文化探究、おしゃべり　⑥台湾観光大使　⑦思考は言葉となり、言葉は行動となり、行動は習慣となり、習慣は人格となり、人格は運命となる（マーガレット・ヒルダ・サッチャー）　⑧番組で紹介します！　⑨曲＝Time for Taiwan-The Heart of Asia　⑩人生は楽しんでいけばいい！

小野 詩子（おの・うたこ）

担当番組／琴似っ記　毎週水曜12：00～13：00　番組内容／琴似の今と昔の話題やその時々の出来事を、私らしく雑談多めにお伝えしています。

①1月23日　②札幌市（西区琴似）生まれ　③主婦　④A型　⑤月に一度の合唱の練習、野球観戦、アート鑑賞、音楽鑑賞、犬の散歩etc　⑥絵を描くこと　⑦一期一会　⑧ニッポン放送「欽ちゃんのドンといってみよう！」、「所ジョージのオールナイトニッポン」など　⑨一曲や一冊じゃ無いのよね～　⑩2018年10月から放送開始したばかりの新人おばさんです。主婦のド素人なので、ラジオパーソナリティという役目に毎回あたふたしていますが、コツコツ楽しく放送できたらいいなぁと思っています。

加藤 淳一（かとう・じゅんいち）

担当番組／耳をすませば　第5木曜12：00～13：00　番組内容／盲導犬の育成活動を通して考えること、感じることなどを発信しています。

①3月18日　②北広島市生まれ　③北海道盲導犬協会 繁殖・パピー担当部長（盲導犬を育成する上での犬の交配や出産、育児を担当しています）　④A型　⑤読書　⑥強肩　⑦愛、成長、チームワーク　⑧ニッポン放送「テレフォン人生相談」　⑨曲＝Mr. Children「彩り」　⑩ラジオを通して、少しでも盲導犬の育成についてご理解いただけたら嬉しく思います。

加藤 さや香（かとう・さやか）

担当番組／さわやかサタデー　第1土曜9：00～10：00（三角山リレーエッセイ）　番組内容／土曜の朝を爽やか（！？）に日々の出来事や紅茶の話題などをお届けしています。

①8月31日　②札幌市生まれ、室蘭市育ち　③蘭子チャタイム紅茶店オーナー　④A型　⑤手品。鞄の中にはトランプを常備！ご覧になりたい方はお声掛けください　⑥手の指、足の指の関節鳴らし　⑦人生はあなたに期待している、振り返るな振り返るな 後ろには希望がない　⑧STVラジオ「アタックヤング」　⑨曲＝中島みゆき「ヘッドライト・テールライト」　⑩また行きたくなる店、また聴きたくなる番組、また会いたくなる人を目指して頑張ります。皆様、どうかご贔屓に！

勝見 典彦（かつみ・のりひこ）

担当番組／DJ762「サーフィンラビットステーション」　毎週金曜8：00～9：00　番組内容／まじめな音楽番組（？）。J-pop jazz regae hip-hop rock 4人のDJが回します。

①6月10日　②札幌市生まれ　③札幌ヤクルト販売株式会社（教育担当、プロフェッショナルコーチ）　④B型　⑤美しくピアノを奏でること　⑥パワーポイントを使って人を泣かせることができる　⑦適当、だいたい、おおまか、目分量　⑧ニッポン放送「オールナイトニッポン」、大学受験ラジオ講座　⑨曲＝マイルストーン「end of the road」、Baby face「MTVアンプラグド」　⑩人生も残りわずかのじいさんですが、まったく力まないゆるい放送をやらせていただいております。どんとこいCO'з絶賛放送ちう！

喜瀬 ひろし（きせ・ひろし）

担当番組／喜瀬ひろしの青春演歌　毎週月曜 18：00 ～ 19：00　番組内容／演歌でほっこり。自身で選曲、構成を手掛け、演歌の名曲を中心にお届けする音楽番組です。

①4月30日　②亀田村（現・函館市）生まれ　③あこがれだった個人事業主　④B型　⑤マラソン、書道教室に通うこと　⑥気配と存在を消せる（ゆえに宴会では気付かれずに逃げられる）　⑦声は人なり、書は人なり　⑧STVラジオ「おくさまジャーナル」（自分が担当していた番組。すばらしいディレクターに恵まれました）　⑨曲＝喜瀬ひろし「時計台のある街」（浅沼修さんの作品で、初めてレコーディングし、発売、キャンペーンをした曲です）　⑩明るく楽しく“物忘れ”しています。

川南 咲月（かわなみ・さつき）

担当番組／風待ち、坂の途中　第3土曜 9:00 ～ 10:00（三角山リレーエッセイ）　番組内容／ゆるゆるライフの生放送、目的地は「人生の楽園」。

①5月21日　②青森県生まれ（大阪府育ち）　③電話交換手　④B型　⑤工芸品（特にガラス作品）の鑑賞、実用できるクラフト品やインテリア雑貨の収集　⑥絶賛ブランク更新中なので断じて自慢ではないですが、ドラムが叩ける（はず）　⑦あなた自身を与えれば、与えた以上のものを受け取るだろう　⑧TOKYO FM「SUNTORY SATURDAY WAITING BAR AVANTI」　⑨曲＝スガシカオ「月とナイフ」　⑩どんな方が聞いて下さっているのかな？と想像を膨らませながら語りかける、スタジオの密やかな緊張感が大好きです。

金子 誠（かねこ・まこと）

担当番組／北海道日本ハムファイターズ 金子誠の週刊マック　毎週金曜 10：45 ～ 11：05　番組内容／時にはファイターズ、ほとんどは金子誠の気まぐれトーク。リスナーのメールのご紹介も。

①11月8日　②千葉県生まれ　③北海道日本ハムファイターズ打撃チーフ兼作戦コーチ、侍ジャパンヘッド兼打撃コーチ　④B型　⑤鮎釣り　⑥昔、野球がちょっと上手だった　⑦行雲流水、乾坤一擲　⑧TOKYO FM「JET STREAM」　⑨本＝木内幸男『オレだ！！　木内だ！！　甲子園優勝監督のブチャまけ“野球いいとも”』　⑩気まぐれマックの気まぐれトークにお付き合いください。安村さんのツッコミも年々キツくなっていますよ。

木村 克也（きむら・かつや）

担当番組／北の杜御廟　今週の思いやり　毎週月曜 9：30 ～ 9：40　番組内容／お墓参りや供養を通して思いやりの心を深めてもらえたらいいな～という思いで、仏教やお墓にまつわる話をしています。

①4月23日　②湧別町生まれ　③新琴似北の杜御廟・統括部長　④A型　⑤若い時（体力がみなぎっていた頃）は車いじり、ドライブ。現在はレザークラフト　⑥キッチンの清掃（我が家のキッチンはとにかく綺麗）　⑦諸法無我　⑧TOKYO FM「JET STREAM」　⑨曲＝石原裕次郎「わが人生に悔いなし」（人生を変えたというより、変えなくていいんだと確認した曲）　⑩お墓の仕事に関わって35年！　供養やお墓の事なら、北海道で一番詳しいと自負しています。

木村 一生（きむら・かずお）

読書コミュニティうろこ会

担当番組／読書キャンバス　第1土曜 13：00 ～ 14：00（三角山リレーエッセイ）　番組内容／読書に関する娯楽番組。

①10月11日　②札幌市生まれ、2019年4月より東京在住　③大日本印刷（株）　④A型　⑤読書会、監督目線でのプロ野球観戦　⑥少年野球の全日本代表に選ばれたこと　⑦旧来の価値観に囚われて、自分を不幸にしてないか　⑧JFN PARK「有吉弘行のSUNDAY NIGHT DREAMER」　⑨本＝盛田昭夫『MADE IN JAPAN わが体験的国際戦略』　⑩読書会を続けてきたことで多くの方や三角山放送局さんとのご縁ができました。「伝える読書」をモットーに、一人でも多くの方と読書の楽しさを共有していきたいです。

北郷 裕美（きたごう・ひろみ）

担当番組／フライデースピーカーズ　金曜 15：00 ～ 17：00（不定期）　番組内容／地域社会の課題を中心に、コミュニティメディアに関連付けた内容を発信しています。

①2月21日　②旭川市生まれ　③大正大学地域創生学部・教授　④O型　⑤老舗の喫茶店巡り　⑥ハイハイしていた頃の記憶がある　⑦Our dreams come true　⑧TOKYO FM「JET STREAM」など多数　⑨本＝執行草舟『おゝポポイ！その日々へ還らむ』、曲＝小野香代子「さよならの言葉」　⑩病とともに東京からUターン。STV時代の上司だった木原会長から誘われ、藁にも縋る思いで三角山放送局に生業を求めました。現在コミュニティ放送を研究対象とするアカデミックな世界にいられるのも、この経験のお陰です。

源光 和也（げんこう・かずや）
発寒商店街

担当番組／西区商店街・商店会アワー　木曜15：00～15：30　番組内容／発寒、発寒北、八軒、琴似の各商店街のメンバーが、それぞれの街の店紹介や情報を発信する番組。
①8月12日　②札幌市生まれ　③源光金物店・店主　④A型　⑤キャンプ、洗濯　⑥ちょこちょこ自宅トレーニングしている　⑦継続は力なり　⑧TOKYO FM「JET STREAM」　⑨曲＝坂本龍一「戦場のメリークリスマス」　⑩発寒がもっと盛り上がるように、頑張ります！

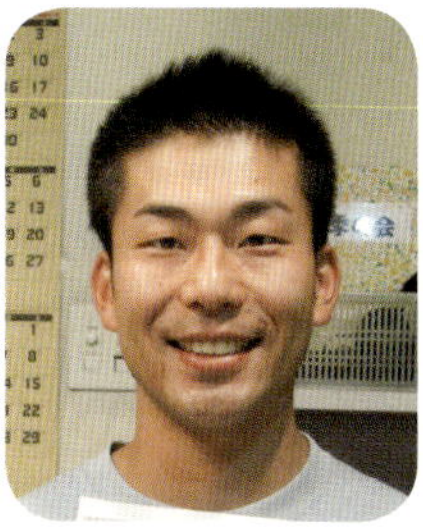

金田一 晴華（きんだいち・はるか）

担当番組／耳をすませば　第1木曜12：00～13：00　番組内容／福祉関係、本、詩、趣味などの話をお届けしています。
①12月4日　②—　③サービス業　④A型　⑤一日中アニメとゲームに埋もれたり、書き物をして過ごすこと　⑥能天気　⑦朝に道を聞かば、夕べに死すとも可なり　⑧三角山放送局「三角山タウンボイス アナタが主役」　⑨本＝『テイルズ オブ ヴェスペリア』というゲーム原作の物語。主人公の生き方が格好良すぎて小学生の頃から本気で憧れています　⑩車イスだからって福祉にこだわりません。好きなものに猛進する時は誰もが一緒！わくわくする時間を一緒に過ごしましょう♪

木村 美和子（きむら・みわこ）

担当番組／花凪アワー～人と人とがつながって～　第3土曜15：00～16：00（三角山リレーエッセイ）　番組内容／NPO法人花凪の活動でつながった人をゲストにお迎えし、迷路のような会話を楽しんでいます。
①11月20日　②帯広市生まれ　③高齢者を中心とした地域支援を行っているNPO法人「花凪」理事長　④O型　⑤端切れをつなぎ、自分で使いたいと思う布小物を作ること　⑥3人と同時に会話できること　⑦望めば叶うこともある　⑧STVラジオ「日曜8時はおんな時刻」（木原さん最高でした！）、TOKYO FM「SUNTORY SATURDAY WAITING BAR AVANTI」など　⑨本＝田辺聖子『お目にかかれて満足です』　⑩年を重ねるほどに反省よりも、前を向くパワーが増しています。

小山 孝（こやま・たかし）

担当番組／三角山音楽通信　第1土曜14：00～15：00（三角山リレーエッセイ）　番組内容／J-POPの新譜、おすすめのクラシック音楽に乗せて、肩の凝らないスポーツやクラシックの話題などをお届けします。
①3月25日　②東京都立川市生まれ　③印刷会社営業部勤務（定年後継続雇用中）　④B型　⑤温泉旅行　⑥古いパソコンを何とか使えるようにすること（仕事にも役立っています）　⑦みんな仲良く一緒にね！　⑧ニッポン放送「オールナイトニッポン」（糸居五郎さん、亀渕昭信さんの大ファンでした）　⑨曲＝マーラー「交響曲第9番」　⑩開局の約半年後からずっと自分が楽しませてもらっています。ラジオの楽しさを少しでも味わって頂ける番組を目指して頑張ります。

小宮 加容子（こみや・かよこ）

担当番組／飛び出せ車イス　第1火曜12：00～13：00　番組内容／日常生活の“楽しいこと”をご紹介しています。
①4月28日　②福岡県久留米市生まれ　③札幌市立大学デザイン学部・講師　④A型　⑤おもちゃ屋さん巡り　⑥ニーズに応じたおもちゃの紹介ができます　⑦笑う門には福来る　⑧中高生時代に聞いていた地元のローカル番組（地元の話題が多いので、とても身近に感じていました）　⑨本＝シェル・シルヴァスタイン『ぼくを探しに』　⑩“楽しいこと”に全力です！

小松崎 操（こまつざき・みさお）

担当番組／DJ762「世界音楽めぐり アイルランドを聴く」　第3月曜8：00～9：00　番組内容／アイルランドの伝統音楽を中心にご紹介しています。
①9月20日　②歌志内市生まれ　③「RINKA」というバンドで演奏活動　④A型　⑤読書（好きな作家は北杜夫）　⑥寿限無をそらんじること　⑦見ろよ、青い空白い雲そのうちなんとかなるだろう（青島幸男、クレージーキャッツ「だまって俺について来い」の一節）　⑧TBSラジオ「パックインミュージック」（1970年代半ばの小島一慶、山本コウタロー）　⑨曲＝王滝村の人たちが唄う「木曽節」　⑩番組を通して、伝統音楽の魅力とその背景を、親しみやすくお伝えしたいと思います。

嵯峨 治彦（さが・はるひこ）

担当番組／DJ762「世界音楽めぐりのどうたトライアングル」 月曜8：00～9：00（不定期） 番組内容／喉歌（一人二重唱）と馬頭琴の演奏活動および関連音源・情報の紹介。

①2月15日 ②青森県八戸市生まれ ③馬頭琴・喉歌奏者 ④A型 ⑤うがい ⑥三角山放送局の試験放送からお話させていただいています。あとは、声声がが二二重重にに出出せせまますすよよ。。 ⑦喉元思案 ⑧TOKYO FM「JET STREAM」、TBSラジオ「キューピー・バックグラウンド・ミュージック」、ニッポン放送「オールナイトニッポン」「三宅裕司のヤングパラダイス」などなど。懐かしいな ⑨曲＝大瀧詠一「君は天然色」 ⑩馬頭琴と喉歌で音楽の旅を続けています。ライブ会場でお会いしましょう！

堺 なおこ（さかい・なおこ）

担当番組／ピンクリボン in SAPPORO 毎週木曜11：00～11：20 番組内容／乳がんの早期発見早期治療を目指す啓発番組。関わりのある方に毎週ご登場いただき、お話を伺います。

①2月21日 ②函館市生まれ ③フリーアナウンサー、コミュニケーションデザイナー、北海道フードマイスター、ピンクリボン in SAPPORO理事 ④B型 ⑤西野流呼吸法 ⑥規則正しい飲酒。さらにジョッキ1杯のビールで、あっという間に爆睡できること ⑦一日一生 ⑧STVラジオ「ササッパラのアタックヤング」 ⑨曲＝中島みゆき「時代」 ⑩中学生の頃、深夜放送に憧れ、アナウンサーになりました。三角山放送局でラジオが求める“声と言葉”を探し続けます。目指すは生涯現役！

小山 素子（こやま・もとこ）

担当番組／三角山タウンボイス アナタが主役 毎週木曜13：00～15：00 番組内容／鑑賞した映画、プロ野球、日々の出来事などを私なりの言葉で喋っています。

①6月15日 ②東京都生まれ ③主婦 ④O型 ⑤映画鑑賞、落語を聞くこと、庭の手入れ ⑥犬、猫、小動物と初対面でも仲良くなれて、なつかれる ⑦過去と他人は変えられないが、自分と未来は変えられる ⑧TBSラジオ「深夜版ラジオマンガ」 ⑨本＝新美南吉『手袋を買いに』 ⑩元気で上品な老婦人を目指して、これからも頑張って喋ります。

佐藤 栄一（さとう・えいいち）

担当番組／佐藤栄一 雑学の旅 第2土曜10：00～11：00（三角山リレーエッセイ） 番組内容／毎回、一つのテーマに沿って、経験を含めた話をしています。

①6月7日 ②上川町生まれ ③東海大学名誉教授 ④B型 ⑤旅行、スケッチなど多数 ⑥国道を完全走破した（未通過所を除く）。国道標識を撮影したコレクションも、残すところあと1つに！ ⑦その場その場さ ⑧そりゃあ三角山放送局の番組でしょう ⑨曲＝テネシーワルツ ⑩高貴（後期高齢者）なお方になったので、そろそろかなと思っています。

NPO法人札幌チャレンジド

担当番組／札チャレラジオ通信 第4土曜14：00～15：00（三角山リレーエッセイ） 番組内容／ITでマザル、ハタラク、拓き合う社会を創りたい！との思いで、団体の活動内容をスタッフが順番に出演してお伝えしています。

①2000年5月設立 ②― ③― ④― ⑤― ⑥― ⑦― ⑧― ⑨― ⑩NPO法人「札幌チャレンジド」は、自立をめざす障がいのある人の社会参加と就労をお手伝いしています。「札チャレラジオ通信」を通して、札幌チャレンジドを必要とする障がいのある人と出会えればと思います。ぜひ札幌チャレンジドのホームページもご覧ください！
http://s-challenged.jp

NPO法人 ITでマザル、ハタラク、拓き合う。
札幌チャレンジド

佐々木 和徳（ささき・かずのり）

担当番組／DJ762「月刊AOR日和」第4木曜8：00～9：00 番組内容／AOR（Adult-Oriented Rock＝大人向けのロック）というジャンルに焦点を当てた番組です。

①2月20日 ②札幌市生まれ ③音楽講師、ミュージシャン ④B型 ⑤登山、全国各地のラーメンを食べ歩くこと ⑥― ⑦天才は1％のひらめきと99％の努力 ⑧三角山放送局「週刊ジャズ日和」（山本弘市さんの） ⑨本や曲はありませんが、親友や恩師の存在がそれに当たります ⑩聞き慣れないAORというジャンルの音楽番組ですが、聴いている方の心に残るような音楽とトークをお届けできればと思っております。

四季の会

担当番組／エッセイタイム　毎週月～木曜 11：30～11：50　番組内容／朗読グループ「四季の会」のメンバーが、当番制で朗読をしています。

①―　②―　③―　④―　⑤―　⑥―　⑦―　⑧―　⑨―　⑩月に一度のペースで 16 人のメンバーが、それぞれの選んだストーリーを味わい深く読み届けます。

佐藤 美由紀（さとう・みゆき）

担当番組／ ALS のたわごと　第 4 土曜 13:00～14:00（三角山リレーエッセイ）　番組内容／ ALS 患者・米沢和也さんのたわごとと ALS などの難病患者さんの応援番組。

①12月7日　②函館市生まれ　③NPO 法人 iCare ほっかいどう・理事相談員　④B型　⑤登山、キャンプ、水泳（ですが…全然できていない！）　⑥10代の頃、自転車で函館と札幌を往復した。20代前半頃、フードファイターだった。そして今がある　⑦継続は力なり　⑧ニッポン放送「中島みゆきのオールナイトニッポン」　⑨曲＝中島みゆき「ファイト！」　⑩木原さんからいただいたたくさんの思い出を胸に、米沢さんをはじめ「チームたわごと」全員で番組を続けていきたいと思います。頑張るぞ～、おお～！

佐藤 伸博（さとう・のぶひろ）

担当番組／のぶさんのこころつなぐラジオ　第 2 土曜 14：00～15：00（三角山リレーエッセイ）　番組内容／こころが軽くなるお話と防災に関するお話を中心にお届けします。

①3月21日　②愛知県犬山市生まれ　③マッサージ師、心理カウンセラー、防災士、便利屋　④A型　⑤今は掃除にハマっています　⑥身体に触れる前から、マッサージするべきポイントがわかること　⑦大丈夫　⑧ポッドキャスト「心屋仁之助のホントの自分を見つけるラジオ」　⑨本＝小池浩『借金 2000 万円を抱えた僕にドＳの宇宙さんが教えてくれた超うまくいく口ぐせ』　⑩何気なく聴いていてもホッとできるような番組を心がけています。

杉山 俊輔（すぎやま・しゅんすけ）

担当番組／北海道コンサドーレ札幌アウェイ戦実況生中継　番組内容／北海道コンサドーレ札幌の試合の模様を実況しています。ラジオから試合の様子を細かく伝えてまいります。

①10月5日　②千葉県茂原市生まれ　③フリーアナウンサー、ナレーター　④O型　⑤旅行、学校巡り　⑥野球雑誌のコレクション　⑦同じ瞬間は二度とないから、与えられた瞬間にベストを尽くせ　⑧ニッポン放送「三宅裕司のヤングパラダイス」　⑨曲＝済美高校の校歌「紫紺の歌」　⑩スポーツを観るのが大好きで、感動を伝えたいと、野球、サッカー、バスケットボールを中心に実況を行っています。アウェイ戦中継ではリスナーやサポーターに気持ちを乗せて感動を伝え、元気を与えられる放送を目指してまいります。

志羅山 美香（しらやま・みか）

担当番組／花よりダンゴ　第 1 土曜 11:00～12:00（三角山リレーエッセイ）　番組内容／農・食文化周辺の四方山話とリバイバル的な本・映画の紹介。

①2月4日　②沼田町生まれ　③（休業してばかりの）自給園付き喫茶店・店主　④B型　⑤古本屋巡り、洋楽の歌詞の日本語訳を探すこと　⑥初対面のヤギになつかれる　⑦愛は負けるが親切は勝つ（ジョン・アーヴィング）　⑧NHK-FM「小西康陽これからの人生。」　⑨本＝三原順『はみだしっこ』（漫画です）　⑩私の中にある言葉も自分自身も、自分だけでは見つけられない。ラジオも対話だと思っています。これからも一緒に考え、出会っていきたい。一緒に時代を受け止め、毎日を創っていけたらと願っています。

シモ

スキンヘッドカメラ（写真右）

担当番組／モリマン・スキンヘッドカメラの数打ちゃ当たるOH MY ○○（ピー）GOD！　毎週木曜 16：00～17：00　番組内容／歯に衣着せず、言いたいことを言ってしまう、賑やかな番組です。

①10月26日　②沼田町生まれ　③お笑い芸人　④A型　⑤将棋、競馬　⑥牛乳の早飲み、唇を白くできる　⑦今日と明日と明後日のことくらい考えていればいいんだよ（忌野清志郎）　⑧TOKYO FM「放送室」　⑨本＝さくらももこ『もものかんづめ』　⑩毎週、生放送で楽しくお送りしております。おしゃべりの輪に入っているような感覚になれると思いますので、是非聴いてくださいね！

曽山 良一（そやま・りょういち）

担当番組／DJ762「曽山良一のソフトオープン」 第2水曜8：00～9：00 番組内容／演奏ツアーで見つけたおいしいお店、身近な隠れ名店、小さな幸せ話から音楽へ。

①12月20日 ②札幌市生まれ ③ギタリスト＆作曲家、経専音楽放送芸術専門学校講師、エルム楽器ギター講師、視覚障がい者ミュージックネットワーク「ノイズファクトリー」メンバー、箏・尺八・ギターで北海道音楽を目指すグループ・遠TONE音（とおね）ギタリストなど ④B型 ⑤車、ラジオ ⑥昔買ったギターが今、自分を含め全てヴィンテージ！ ⑦Less is More ⑧NHK-FM「クロスオーバーイレブン」 ⑨曲＝ギルバート・オサリバン「アローン・アゲイン」 ⑩音楽の現場に僕が居れば大丈夫！

寿時 瑞祥（すどき・ずいしょう）

担当番組／寿時瑞祥の今日の運勢 毎週月～金曜9：20～ 番組内容／良い運勢、要注意の運勢ともに、一日の参考にしていただきたいと思います。

①― ②札幌市生まれ ③観相家 ④不明 ⑤料理番組、料理本を眺めるのが好き（作るのは大の苦手） ⑥昔は無芸大食が自慢でした ⑦人、一人は、大切なり ⑧NHKラジオ「ぼやき川柳」、高校野球の実況中継 ⑨本＝藤沢武夫『松明は自分の手で』、曲＝「We Are The World」（ロックへの扉を開けてくれた曲） ⑩無人島で生活しない限り、私たちは様々な人間関係の中で暮らしていきます。その関係が少しでも円滑に運ぶように役立てていただきたいという思いで仕事をしています。

鈴木 博子（すずき・ひろこ）

担当番組／飛び出せ車イス 第3火曜12：00～13：00 番組内容／ソーシャルインクルージョンの理念で、時事あり、情報あり、音楽ありの楽しい番組です。

①11月20日 ②小樽市生まれ ③NPO法人にて雪まつり車イス介助ボランティアのコーディネート、札幌市「障がい者によるまちづくりサポーター」代表 ④B型 ⑤読書、ライブ鑑賞 ⑥歌うこと ⑦温故知新、笑う門には福来たる ⑧STVラジオ「アタックヤング」 ⑨本＝斎藤一人『変な人が書いた人生が100倍楽しく笑える話』 ⑩幸せ探しの名人で、人生を楽しむことを諦めない、少々変わった人間です。

髙橋 肇（たかはし・はじめ）

担当番組／フライデースピーカーズ 第4金曜15：00～17：00 番組内容／政治・経済・社会から大学・教育・人生まで、硬派な話題から身近な話題まで。玉石混交、硬軟取り混ぜながらお送りしております。

①10月28日 ②東京都生まれ ③札幌大谷大学・学長（社会学部地域社会学科教授）、2017年3月まで名古屋音楽大学に勤務（元名古屋音楽大学学長・教授） ④B型 ⑤料理、温泉旅行、音楽と舞台芸術の鑑賞。休日は映画やドラマ、スポーツをテレビで見ながらのんびりと過ごします ⑥苦手な食べ物がない、お酒に強い ⑦無私の私、無義の義 ⑧ニッポン放送「オールナイトニッポン」 ⑨本＝ライト・ミルズ『権力・政治・民衆』 ⑩札幌大谷大学は本気です！

高橋 伸弘（たかはし・のぶひろ）

担当番組／DJ762「コレクションJ」 毎週水曜7：00～8：00 番組内容／1990年代、2000年代、2010年代のJ-POPをお届けする番組。

①11月1日 ②新ひだか町生まれ ③教育関係 ④O型 ⑤90年代以降のJ-POPを聴きながらドライブ ⑥10年間番組をしていると、イントロで曲紹介をすることができるようになりました ⑦人生プラスマイナスゼロ ⑧STVラジオ「船守さちこのスーパーランキング」 ⑨曲＝MISIA「つつみ込むように」 ⑩ラジオパーソナリティになるのが夢で、三角山放送局のパーソナリティに採用して頂いて10年。本当にみなさんに感謝です。コレクションJの放送回数も350回を超えました。放送回数500回を目指して頑張ります。

髙田 翔平（たかだ・しょうへい）

琴似商店街

担当番組／西区商店街・商店会アワー 木曜15：00～15：30 番組内容／発寒、発寒北、八軒、琴似の各商店街のメンバーが、それぞれの街の店紹介や情報を発信する番組。

①10月7日 ②苫小牧市生まれ ③琴似整骨院・院長 琴似商店街振興組合理事 ④O型 ⑤サッカー ⑥体力に自信あり。マラソン、長時間労働（笑） ⑦一日一生 ⑧ニッポン放送「オールナイトニッポン」（高校受験時に聴いていた） ⑨本＝ナポレオン・ヒル『成功哲学』 ⑩これからも琴似をさらに盛り上げるために、健康情報や店舗情報を発信していきます！

武部 未来（たけべ・みき）

担当番組／トーク in クローゼット　毎週木曜 9：00 〜 12：00　番組内容／ひとりボケとツッコミの木曜日。笑っていただいてなんぼ！

①11 月 4 日　②札幌市生まれ（よく訛っていると言われますが…）　③踊るパーソナリティときどき事務職　④ B 型　⑤音楽を聴くこと、歌うこと、踊ること、旅行　⑥誰にでも覚えてもらえるところ（大好きな歌手にも覚えてもらえていて、足が悪くて良かった〜♪と思った経験あり）　⑦生きろ　⑧三角山放送局「おはよう！ママゾネス」、AIR-G'「Action」　⑨本＝渡辺和子『置かれた場所で咲きなさい』、曲＝ SMAP「オリジナルスマイル」　⑩たくさんのご縁に感謝！ Mahalo 〜！

武田 美幸（たけだ・みゆき）

エミリー

担当番組／アロハ！メレフラ　第 2 土曜 11：00 〜 12：00（3 か月に 1 回担当／三角山リレーエッセイ）　番組内容／フラソングを中心に、フラやハワイのことを話します。

①8 月 20 日　②函館市生まれ　③ナーホア フラ アーネラ（チェアフラ）のアンティ　④ B 型　⑤国内外の雑貨巡り、占い　⑥シフォンケーキがおいしく焼けます　⑦いとおしむ、E lilo ia i kahu aloha　⑧ニッポン放送「オールナイトニッポン」　⑨曲＝ Rita Coolidge「We're All Alone」　⑩笑い声も体も大きいです。「ナーホア フラ アーネラ」は、障がいがあってもなくても個性豊かなメンバーが、武部未来ちゃんを中心に楽しく踊っています。楽しむことをあきらめない！　そんなサークルの近況もラジオでお伝えしています。

高橋 正和（たかはし・まさかず）

担当番組／コンカリーニョインフォメーション　毎週月曜 16：30 〜 17：00　番組内容／コンカリーニョよもやま話&まじめな雑談。

①2 月 9 日　②札幌市生まれ　③舞台照明家、NPO 法人コンカリーニョ・理事　④ AB 型　⑤ダークサイドへの旅　⑥ー　⑦本当に大切なことは目には見えない　⑧ TBS ラジオ「パックインミュージック」　⑨本＝横尾忠則『インドへ』　⑩ー

田中 まゆみ（たなか・まゆみ）

担当番組／アロハ！メレフラ　第 2 土曜 11：00 〜 12：00（3 か月に 1 回担当／三角山リレーエッセイ）　番組内容／ハワイ音楽とフラダンスの魅力をご紹介しています。

①10 月 10 日　②岩内町生まれ　③フラダンス講師（フラダンス教室主宰）　④ O 型　⑤フラダンス　⑥フラダンス　⑦オハナ（ハワイの言葉で家族）、きずな　⑧三角山放送局「アロハ！メレフラ」　⑨曲＝ Kimo Hula　⑩アロハ・スピリット

田中 宏明（たなか・ひろあき）

担当番組／北海道コンサドーレ札幌アウェイ戦実況生中継　番組内容／リスナーの皆さんと一緒にコンサドーレの勝利のために応援し、試合内容に一喜一憂する番組です。

①8 月 30 日　②北見市生まれ　③会社員　④ A 型　⑤ B 級グルメ巡り、サッポロビールをとことん飲む　⑥アウェイ戦遠征で貯めた JAL のマイレージで NY まで往復ファーストクラスの旅をしたこと　⑦なるようになる　⑧三角山放送局「Radio CONSADOLE」　⑨曲＝ 3 代目 HAPPY 少女♪「Dream」　⑩ NO FOOTBALL NO LIFE。サッカーの応援で日々喜怒哀楽を感じられるのは、もう一つ別の人生も歩んでいる感覚！　一緒にコンサドーレを応援し、人生をさらに楽しみませんか？

田中 純（たなか・じゅん）

担当番組／にじいろスマイルラジオ　毎週火曜 15：00 〜 17：00　番組内容／日常のグタグタと LGBTs の啓発の取り組みについて発信しています。

①12 月 11 日　②札幌市生まれ　③にじいろスマイル・代表　④ O 型　⑤バイク　⑥写真　⑦「ひとりにならない、ひとりにさせない」（by 木原くみこ）　⑧三角山放送局「トーク in クローゼット」（火曜担当の田島美穂）　⑨曲＝大黒摩季「IT'S ALL RIGHT」　⑩まだまだヒヨッコのパーソナリティですが、心を込めて僕の想いをお届けします。LGBTs のことを知らない方にも、今現在も悩んでいる方にも、当事者だからこそ伝えられる勇気と元気を発信します。

陳 爽（ちん・そう）

担当番組／ SAPPORO NAVIGATION 金曜 14：00～15：00　番組内容／札幌市の行政情報やイベント情報、地域のニュースなどを外国語で紹介する番組。私は中国語の番組を担当しています。

①5月28日　②中国海南省生まれ　③北海道大学国際広報メディア・観光学院 修士1年　④B型　⑤手芸、絵を描く、歌を歌う、旅行　⑥手芸（特にマフラー等を編むこと）、水彩画　⑦失敗は成功の基　⑧―　⑨曲＝周傑倫「晴天」　⑩留学生の日常生活と映画、ドラマ、日中文化の異同、ニュースに対する評価などいろんなことを番組で皆さんとシェアしますので、よろしければぜひお聞きください。

俵屋 年彦（たわらや・としひこ）

担当番組／シネマキックス　第４土曜 10：00～11：00（三角山リレーエッセイ）　番組内容／映画やアニメの面白さを伝いたいと思っています。

①9月1日　②札幌市生まれ　③NPO法人さっぽろ自由学校・遊の講師　④A型　⑤生きること　⑥続けること　⑦風とゆききし 雲からエネルギーをとれ（宮沢賢治）　⑧ニッポン放送「オールナイトニッポン」（1970年代）　⑨本＝レイチェル・カーソン『沈黙の春』　⑩三角山放送局の開局当初からお世話になっています。これからもよろしくお願いします。

種馬 マン（たねうま・まん）

モリマン（写真左）

担当番組／モリマン・スキンヘッドカメラの数打ちゃ当たるOH MY ○○（ピー）GOD！　毎週木曜 16：00～17：00　番組内容／愚痴とたまにシモネタを、いい歳した男女がダラダラ話している番組。

①1月8日　②札幌市生まれ　③お笑い芸人　④B型　⑤ブラジリアン柔術、ポールダンス　⑥ゴミの分別　⑦なんとかなる　⑧NHKラジオ「基礎英語」　⑨本＝太宰治『斜陽』　⑩20年近く、自由にやらせてくれている三角山放送局がダイスキです。いい時間が流れている三角山放送局の“番外編”として番組を愛してくれたら、嬉しいです。

土畠 智幸（どばた・ともゆき）

担当番組／耳をすませば　第３木曜 12：00～13：00　番組内容／医療法人稲生会による「困難を抱える人々とともに、よりよき社会をつくる」活動の紹介。

①8月4日　②札幌市生まれ　③医療法人稲生会・理事長　④O型　⑤映画鑑賞　⑥しゃべるのが早い　⑦哲学者たちは、世界をさまざまに解釈してきたにすぎない。肝腎なのは、それを変革することである（カール・マルクス）　⑧TOKYO FM「JET STREAM」　⑨本＝聖書　⑩出張等でお休みすることも多いのですが、これからもラジオ頑張ります。

筑和 正格（つくわ・まさのり）

担当番組／ドイツ文学の森　第３土曜 14：00～15：00（三角山リレーエッセイ）　番組内容／ドイツ文学の幽玄な森へのご招待。

①12月8日　②札幌市生まれ、秋田育ち　③北海道大学名誉教授　④AB型　⑤音楽とスポーツ　⑥金管楽器（ブラス）は何でも吹奏できる　⑦肝心なものは目には見えない　⑧ニッポン放送「坂崎幸之助と吉田拓郎のオールナイトニッポンGOLD」　⑨本＝ゲーテ『親和力』　⑩生涯現役がモットーです。

塚原 紀子（つかはら・のりこ）

担当番組／苗穂ラジオステーション　第1・3金曜 11：30～12：00　番組内容／札幌刑務所の受刑者からのリクエストアワー。日本で唯一、刑務所内と同じ放送が一般社会でも流れます。

①2月12日　②札幌市生まれ　③革工房ぽこあーと主宰、レザークラフト認定指導員　④O型　⑤海外旅行　⑥諦めが悪いので徹底的に食い下がる（笑）　⑦Art de vivre! 自分らしく自分流に生きる　⑧TBSラジオ「夜のバラード」　⑨曲＝ホルスト「惑星」　⑩開局の年から「モーニングジャーナル」の水曜を担当。刑務所にレザークラフトの指導に行ったことがきっかけで「苗穂ラジオステーション」をお引き受けしました。ライフワークとして頑張ろうと思います。

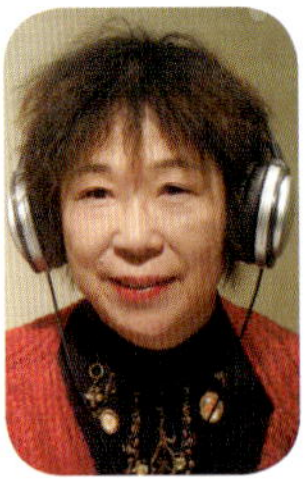

永野 善広（ナガノ・ヨシヒロ）

担当番組／永野善広のça va ça va french（サヴァサヴァフレンチ）第1土曜10：00～11：00（三角山リレーエッセイ） 番組内容／シャンソンとフレンチポップス中心の番組。時には、トーク中心にも。

①3月9日 ②室蘭市生まれ ③（株）オブジェクティフ（クリエイティブディレクター）、大学非常勤講師 ④O型 ⑤— ⑥トーク ⑦誠実 ⑧ニッポン放送「オールナイトニッポン」 ⑨曲＝ジャック・ブレル「ジェフ」、本＝大江健三郎『日常生活の冒険』 ⑩雑学好き。

長沼 発（ながぬま・たつる）

担当番組／DJ762「Talk Jazz, Talk Guitar」 第3木曜8：00～9：00 番組内容／ジャズのギターの名曲、名演から、マニアックなものまでをご紹介しています。

①1月17日 ②江別市生まれ ③ジャズのギターを弾いたり、教えたりしています ④A型 ⑤レコード店に行くのが好きです ⑥— ⑦— ⑧TOKYO FM「JET STREAM」 ⑨曲＝Mr.Children「名もなき詩」 ⑩Talk Jazz, Talk Guitar、お時間がありましたら、ぜひ聴いてやってください。

長友 隆典（ながとも・たかのり）

担当番組／コトニ弁護士カフェ 隔週金曜10：30～10：45 番組内容／生活に関わっている身近な法律問題について、具体例や判例を交えてわかりやすく解説しています。同じく琴似の弁護士・小野暁世史先生と週交代で担当。

①1月22日 ②熊本県生まれ ③長友国際法律事務所・代表弁護士 ④O型 ⑤夏は渓流釣り、冬はスノーボード ⑥高校時代に弓道の熊本県大会で優勝し、インターハイに出場 ⑦人間万事塞翁が馬 ⑧TBSラジオ「小沢昭一の小沢昭一的こころ」、「大橋照子のラジオはアメリカン」 ⑨本＝サミュエル・スマイルズ『自助論』、曲＝浜田省吾「家路」 ⑩地域の皆さんの「困った」を「良かった」に変えるため、日々活動しています。小さなお悩み・心配ごともお気軽にご相談ください。

成松 郁子（なりまつ・いくこ）

担当番組／金曜イクコ手帖 毎週金曜13：00～14：00 番組内容／何気ない日常の出来事、思いを、手帖をめくるようにお話しさせていただく番組です。

①12月7日 ②帯広市生まれ ③主婦、時々イベントのお手伝い ④B型 ⑤旅行、ドライブ、コンサート、ライブ鑑賞、ギター、歴史ある建物・場所巡り、バラとラベンダーを愛でること ⑥コロコロした笑い声、小樽案内人検定（ご当地検定）1級 ⑦一日一生 ⑧NHKラジオ「ラジオ深夜便」、TOKYO FM「JET STREAM」 ⑨曲＝松山千春「大空と大地の中で」 ⑩天然。明朗。好奇心旺盛。どんな時でも「大丈夫。なんとかなる」が口癖。ほっこりした雰囲気作りが好きです。

奈良 真乃介（なら・しんのすけ）

担当番組／DJ762「吹奏楽ミュージアム」 毎週金曜7：00～8：00 番組内容／吹奏楽オリジナル作品からポップスまで、幅広く様々なジャンルから吹奏楽曲を紹介しています。

①6月26日 ②稚内市生まれ ③SAISAI Wind Orchestra（旧・吹いて奏でて楽しむ演奏会）代表・指揮者 ④A型 ⑤ドライブ、旅行、スノーボード ⑥実はブライダルの専門学校を卒業しており、ウェディング関係の検定・資格を持っています ⑦日々笑顔 日々感謝 ⑧STVラジオ「藤井孝太郎のアタックヤング」 ⑨曲＝アイヌ民謡「イヨマンテ」の主題による変奏曲 ⑩「SAISAI Wind Orchestra」では、年に1度、目で見て耳で聴いて身体で楽しめる、エンターテイメント性を重視したコンサートを開催しています。ぜひ楽団名で検索を！

永峰 貴（ながみね・たかし）

担当番組／屯田兵グラフィティ 毎週木曜10：45～11：00 番組内容／北の守りと開拓にかけた屯田兵。その制度や暮らしぶり、思い、エピソードを落書き風に語ります。

①3月14日 ②小樽市生まれ ③元小学校長、北海道退職校長会・会長、琴似屯田子孫会・事務局長 ④O型 ⑤歴史探訪 ⑥— ⑦買わない宝くじは当たらない ⑧ラジオ東京（現・TBSラジオ）「ミッドナイト・ストリート」、STVラジオ「オハヨー！ほっかいどう」 ⑨本＝大下美和子『運がつく本』 ⑩琴似の屯田兵・永峰忠四郎の三代目です。屯田兵の研究を始めてから、思いがけない所で思いがけない人に出会ったり、貴重な品々が集まるようになりました。この不思議な縁を大切に、屯田兵の研究を進めています。

西 達彦（にし・たつひこ）

担当番組／北海道コンサドーレ札幌アウェイ戦実況生中継　番組内容／リスナーの皆さんと一緒にコンサドーレの勝利のために応援し、試合内容に一喜一憂する番組です。

①1月1日　②神奈川県相模原市生まれ　③フリーアナウンサー　④A型　⑤旅行、スポーツ観戦　⑥スポーツ実況ができます　⑦伝えたいことがある人がマイクの前に座る　⑧三角山放送局「ポカポカ」、ニッポン放送「鶴光の噂のゴールデンアワー」　⑨曲＝三角山で出会ったポプコンソングの数々　⑩今は東京拠点で仕事をしていますが、私の喋り手としてのベースは三角山放送局で教えてもらったものです。コンサドーレ中継で恩返しできていることが私の幸せです。

二階堂 邦彦（にかいどう・くにひこ）

担当番組／DJ762「サーフィンラビットステーション」　毎週金曜8:00～9:00（月1回担当）　番組内容／担当回では、山下達郎さんと彼に関連する楽曲（日本のロック）を多く取り上げています。選曲には自信があります！

①4月30日　②東京都生まれ　③歯科医、smile@立川おとなとこどもの矯正歯科・院長　④B型　⑤登山、スキー、マラソン、旅行　⑥毎年、フルマラソンと富士山登頂を実行。日本の標高3000m以上の山岳はすべて登頂している　⑦最後まであきらめない！　⑧TBSラジオ「淀川長治ラジオ名画劇場」　⑨本＝スティーブン・R・コヴィー『7つの習慣』　⑩山下達郎さんのラジオ番組「サンデーソングブック」ではほとんどかからない、日本のロックを中心にお送りしています！

鳴海 周平（なるみ・しゅうへい）

担当番組／こころとからだの健康タイム　第1火曜10:30～10:45　番組内容／こころとからだを“健幸”に保つ情報をお伝えしています。

①—　②北海道生まれ　③株式会社エヌ・ピュア・代表取締役　④—　⑤旅、美味しいものリサーチ　⑥旅先の美味しいものに少しだけ詳しい　⑦ほどほど　⑧—　⑨—　⑩これからもこころとからだを“健幸”に保つ情報をお伝えしていきます。

原 大輔（はら・だいすけ）

担当番組／DJ762「朝から晩まで」第1木曜8:00～9:00　番組内容／録音日、その時々の気持ちでアバウトに感じたままを発信しています。

①10月12日　②千葉県生まれ　③歌手　④B型（しかもRhマイナス）　⑤スキューバダイビング（でもここ数年は素潜りだけ）　⑥人を憎まないこと、穏便に平和に　⑦愛してる　⑧ほとんど聴いてこなかった人生ですが、最近は車中でNHKラジオ「ラジオ深夜便」を聴いています　⑨本＝西岸良平『三丁目の夕日』（漫画）、曲＝加山雄三「君といつまでも」　⑩私と共に歩んできた「サポートハウスみやび」をよろしくお願いします。

根本 良太（ねもと・りょうた）

琴似商店街

担当番組／西区商店街・商店会アワー　木曜15:00～15:30　番組内容／発寒、発寒北、八軒、琴似の各商店街のメンバーが、それぞれの街の店紹介や情報を発信する番組。

①11月29日　②札幌市生まれ　③税理士事務所の所長　④B型　⑤琴似のバルや居酒屋のカウンターで、近所の方々と楽しく過ごすこと　⑥風呂敷ユーザーで、洋服でも風呂敷を使用。たまに和装で散歩しています　⑦義を買い、仁を売ります。利は人に与えるものだと思っています（小説『孟嘗君』より）　⑧ノンストップミュージック系の番組　⑨本＝宮城谷昌光『奇貨居くべし』　⑩琴似の街がいつも、いつまでも楽しい街であるように頑張っています！

新田 郷子（にった・きょうこ）

担当番組／三角山タウンボイス　アナタが主役　毎週水曜13:00～15:00　番組内容／地域の方、共同作業所の方をゲストにお招きし、お話を伺います。日々の何気ない出来事の報告も（失敗談が多いです）。

①2月28日　②札幌市生まれ　③夫に先立たれて長いので主婦でもなし…強いて言えば「犬の世話人」　④O型　⑤旅行、美術館巡り、麻雀、映画、草彅剛など　⑥お一人様上手でどこへでも一人で行ける　⑦不思議、からだは休みなく切れ目なく使い続けることです（日野原重明）　⑧TOKYO FM「山下達郎のサンデー・ソングブック」　⑨70年以上生きているので一曲、一冊には絞れない。　⑩転んでもただでは起きません。眠気を誘う声なので不眠症の方は必聴！　選曲に自信あり。

藤田 修（ふじた・おさむ）

担当番組／DJ762「サーフィンラビットステーション」 毎週金曜8：00～9：00 番組内容／山下達郎私設ファンクラブ「さっぽろヒューマンズネット」がお送りする音楽番組。

①8月10日 ②札幌市生まれ ③㈱農土コンサル・執行役員部長 ④AB型 ⑤47年続けているレコードとCDの蒐集、40年続けているバンド活動 ⑥日本酒とウィスキーについてなら、一晩語れます ⑦腹が減っては軍は出来ぬ ⑧TOKYO FM「山下達郎のサンデー・ソングブック」 ⑨曲＝The Rolling Stones『Jumping' Jack Flash』 ⑩サーフィンラビットステーションのロック担当です。ロックのことなら誰にも負けません。ロッケンロー！！

藤垣 秀雄（ふじがき・ひでお）

担当番組／DJ762「ギタリストの音楽紀行」 第2木曜8：00～9：00 番組内容／ギタリスト・藤垣秀雄がクラシックギターにまつわる歴史を紐解きながら、世界を巡る音楽紀行番組です。

①11月14日 ②札幌市生まれ ③ギタリスト ④O型 ⑤美しいものは何事にも興味を持っています ⑥何事も諦めずに努力を重ねる性格 ⑦困難から逃げない、それを楽しむ！ それを忘れる！ ⑧TOKYO FM「JET STREAM」（城達也さんがナレーションを担当していた時代） ⑨本＝福岡正信『無』 ⑩音楽を友にとっておきのお話をお伝えしたいと思います。ぜひお聴きいただき、ご感想をお願い致します。

平出 幸雄（ひらで・さちお）

担当番組／DJ762「アコースティックジェネレーション」 毎週火曜7：00～8：00 番組内容／1970年代を中心としたアコースティックミュージックの紹介とレジェンド達の特集番組。

①3月24日 ②札幌市生まれ ③自称、シンガーソングカメラマン ④A型 ⑤音楽､写真 ⑥切羽詰まってからの「集中力」 ⑦夢、dream ⑧ニッポン放送「ザ・パンチ・パンチ・パンチ」､NHKラジオ「ラジオ深夜便」 ⑨曲＝ドリス・デイ「ケ・セラ・セラ」 ⑩青春時代に聴いた、感動した名曲の数々を、今に伝えるべく選曲にも力が入っています。

松田 ヒシゲスレン（まつだ･ヒシゲスレン）

担当番組／モンゴルの風 毎週月曜16：00～16：10 番組内容／モンゴルの文化と日本の文化などの違いや似ているところを紹介する番組です。

①10月23日 ②モンゴル国ウランバートル生まれ ③作家、詩人、通訳 ④B型 ⑤文学、文化、絵画の鑑賞、温泉巡り ⑥料理を作ること、人の良いところを褒める ⑦ありがとう、愛してる ⑧三角山放送局の番組が好き。特に木曜の「トークinクローゼット」と「レコードアワー」 ⑨本＝アーネスト・ヘミングウェイ『老人と海』､清少納言『枕草子』、金子みすゞ『わたしと小鳥とすずと』など多数 ⑩百年百年愛したい、百年百年愛されたい（松田さんの詩より）。

牧野 准子（まきの・じゅんこ）

担当番組／飛び出せ車イス 第4火曜12：00～13：00 番組内容／車イス建築士の目線から見た日常のあれこれ＆福祉情報コーナー。

①6月23日 ②倶知安町生まれ ③ユニバーサルデザイン（有）環工房・代表取締役、障がい当事者講師の会すぷりんぐ代表 ④A型 ⑤車イスで旅行、ワイン売り場をウロウロすること ⑥外食でおいしかった料理を家で再現すること、猫と会話ができること（家で飼っている猫限定） ⑦やらないで後悔するよりやってから後悔する方を選びます ⑧STVラジオ「日高晤郎ショー」 ⑨本＝三浦綾子『泥流地帯』 ⑩障がいがあってもできることがたくさんあります！ 無駄に生きてはもったいないと毎日を大切に、これからも発信していきます。

ホルスタイン モリ夫

（ほるすたいん・もりお）／モリマン（写真右）

モリマン・スキンヘッドカメラの数打ちゃ当たるOH MY ○○（ピー）GOD！ 毎週木曜16：00～17：00 番組内容／芸人たちのぼやき。

①3月31日 ②苫小牧市生まれ ③お笑い芸人 ④O型 ⑤ホラー映画鑑賞、旅行 ⑥料理 ⑦武士は食わねど高楊枝 ⑧ニッポン放送「藤井郁弥のキュートしようよ」 ⑨曲＝ザ・ビートルズ「A Hard Day's Night」 ⑩三角山放送局さん大好きです！

村元 優子（むらもと・ゆうこ）

担当番組／アロハ！メレフラ　第2土曜 11：00～12：00（3か月に1回担当／三角山リレーエッセイ）　番組内容／ハワイアンミュージックを流しながら、ハワイやハワイアンカルチャーなどについて話しています。

①8月15日　②—　③英会話講師　④A型　⑤フラダンス、ウクレレ演奏　⑥英会話　⑦アロハ　⑧ニッポン放送「オールナイトニッポン」　⑨曲＝SMAP「世界に一つだけの花」　⑩元気が良い事かな？

村松 幹男（むらまつ・みきお）

担当番組／耳をすませば　第4木曜 12：00～13：00　番組内容／「誰もがいっしょに楽しく暮らす」をテーマに、自分たちの活動、取り組みを紹介していきます。

①6月13日　②北見市生まれ　③北翔大学教育文化学部芸術学科教授　④B型　⑤やっぱり芝居になりますね　⑥実は…というのがありません。役者です　⑦諦めない　⑧ニッポン放送「中島みゆきのオールナイトニッポン」　⑨本＝藤沢周平『竹光始末』（時代小説というジャンルに全く関心がなかったのに、この本を読んでハマり、大好きになりました）　⑩継続は力なり。月1回の放送ですが、より良い放送になるように精進します！

丸山 哲秀（まるやま・てっしゅう）

担当番組／先生人語　毎週土曜 16:00～17:00（三角山リレーエッセイ）　番組内容／教育から政治まで、社会の諸問題をオヤジ的にボヤきつつ、ニューアルバムを紹介しています。

①10月26日　②共和町生まれ　③札幌第一高校を定年退職後、時間講師として復職　④A型　⑤音楽鑑賞（レコード収集）、ギター演奏、熱帯魚飼育　⑥バンド活動　⑦喜びは一人でかみしめろ！悲しみはみんなで分け合え（代々、卒業生に贈った丸山の金言）　⑧STVラジオ「サンデージャンボスペシャル」（自分が出演していた）　⑨曲＝ジョージ・ハリスン「While My Guitar Gently Weeps」　⑩三角山放送局と共に歩んで20年。まだまだ続く「先生人語」！少し愛して、なが～く愛して（サントリーCMのパクリ）。

安村 真理（やすむら・まり）

担当番組／北海道日本ハムファイターズ 金子誠の週刊マック　毎週金曜 10：45～11：05　番組内容／ファイターズ好き、マック好きにはたまらない、濃くてゆるい番組です。

①2月24日　②札幌市生まれ　③フリーアナウンサー　④AB型　⑤車の運転（B級ライセンス）、おいしい紅茶を飲むこと（紅茶インストラクター）、ヨガ　⑥すぐへこむけど、すぐ立ち直る。体が柔らかい。大谷翔平に「きれい」と言われた（笑）　⑦日々是好日　⑧TOKYO FM「Dear Friends」　⑨本＝原田マハ『本日は、お日柄もよく』　⑩とにかく明るい安村真理です！いくつになってもPretty womanを目指します。

森 雅人（もり・まさと）

担当番組／フライデースピーカーズ　第2金曜 15：00～17：00　番組内容／地域のディープな話題を取り上げ、地域の魅力や人の繋がりの大切さをお伝えしています。

①7月12日　②増毛町生まれ　③札幌大谷大学社会学部教授　④B型　⑤石仏鑑賞　⑥北海道の民俗に関する知識は割と多い方だと思います　⑦只管打坐　⑧ニッポン放送「オールナイトニッポン」　⑨本＝鈴木栄太郎『日本農村社会学原理』（大学時代にゼミのテキストだった一冊。これを読まされたために、大学教員の道に進むことになったように思います）　⑩話し方や分かりやすさ、曲紹介については苦戦していますが、地域の現状や課題について自分なりに掘り下げてお伝えしていきます。

森末 雅子（もりすえ・まさこ）

担当番組／DJ762「世界音楽めぐり 南米フォルクローレ紀行」　第4月曜 7：00～8：00　番組内容／南米アンデス地方の音楽「フォルクローレ」を中心に紹介。イベント情報等も。

①—　②—　③フォルクローレのファン　④—　⑤旅、ドライブ、温泉　⑥日本一周の旅に挑戦中！　⑦好奇心はいつだって新しい道を教えてくれる　⑧STVラジオ「アタックヤング」、TOKYO FM「JET STREAM」　⑨曲＝MAYA「アルティプラーノ」　⑩フォルクローレ音楽を求め日本全国を飛び回っています。各地の愛好家の演奏もご紹介しています。

山田 泰三（やまだ・たいぞう）

担当番組／山田泰三　小径の小石　第３土曜 11：00～12：00（三角山リレーエッセイ）　番組内容／“小径の小石”が見たこと・聞いたことを言いたい放題。
①２月20日　②京都府生まれ　③無職、年金生活者　④Ａ型　⑤ウォーキング、テレビのスポーツ観戦　⑥自慢できることなし　⑦特になし　⑧TBSラジオ「生島ヒロシのおはよう一直線」　⑨曲＝坂本九「上を向いて歩こう」　⑩京都から出て、何で此処に居るのかな。好奇心から何でもみてやろう！と、好きなことをやってきたな。

山下 藍子（やました・あいこ）

担当番組／SAPPORO NAVIGATION　金曜 14：00～15：00　番組内容／英語で札幌の情報をお届けする番組です。
①12月23日　②奈良県生まれ　③北海道大学経済学部経済学科２年　④Ａ型　⑤海外のバックパッカー旅。2018年は４回行きました。おすすめの国はミャンマーとハンガリーです　⑥高校時代、英語スピーチコンテストにて奈良県で２連覇しました　⑦愛は国境を越える　⑧世界音楽めぐり　⑨本＝中村安希『インパラの朝』　⑩国境にとらわれない自由人として世界で活躍するつもりです！

山上 淳子（やまかみ・じゅんこ）

担当番組／三角山タウンボイス アナタが主役　毎週火曜 13：00～15：00　番組内容／日常の何気ない一コマに光を当ててリスナーの皆さんと共有したい。フェルメールの絵画のように。
①３月20日　②新潟県生まれ　③フリーアナウンサー　④Ｏ型　⑤読書、ゴルフ、剣道　⑥2018年、ワインエキスパート取得　⑦情けは人の為ならず　⑧以前担当していたSTVラジオ「ときめきワイド」　⑨曲＝アリス「遠くで汽笛を聞きながら」（高校を留年した時に聴いた曲）　⑩お酒好きですが決して乱れず酔った人の面倒をみる事ができます。是非ご一緒して下さい。

山本 強（やまもと・つよし）

担当番組／サイバー塾　土曜（放送週不定期）12：00～13：00（三角山リレーエッセイ）番組内容／ホットなIT、科学技術の話題を分かりやすく解説する、理系のラジオエッセイ。
①12月16日　②長沼町生まれ　③大学教員（北海道大学・特任教授）　④Ａ型　⑤釣り、タイ料理　⑥積丹沖で本マグロを釣り上げたこと　⑦守・破・離　⑧ニッポン放送「ザ・パンチ・パンチ・パンチ」　⑨本＝パリティ編集委員会『さようならファインマンさん』、曲＝南沙織「ファンレター So Good So NICE」

山本 弘市（やまもと・こういち）

担当番組／DJ762「週刊JAZZ日和」　毎週木曜 7：00～8：00　番組内容／国内外のジャズを中心に、札幌公演にちなんだミュージシャンに関係した曲も交えて紹介しています。
①５月10日　②羽幌町生まれ　③ライヴスポット「くう」の店主　④AB型　⑤レコード収集かな　⑥機材や什器の保全と修理…。イロんなことをテキトーに自分でしていること　⑦呑み放題　⑧NHK-FM「サウンドストリート」　⑨本＝半村良『妖星伝』、曲＝マイク・オールドフィールド「チューブラー・ベルズ」　⑩ライヴスポット「くう」（札幌市中央区南１条西20丁目）へぜひお越しください。

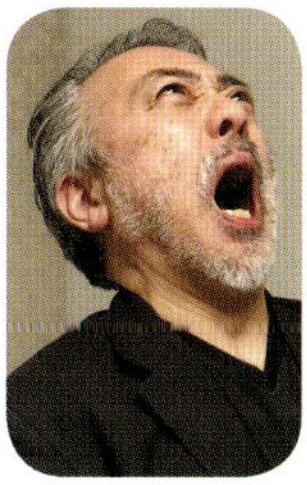

大和 秀嗣（やまと・ひでつぐ）

担当番組／DJ762「歌謡クロニクル」　毎週火曜 8：00～9：00　番組内容／歌謡曲の“懐古・発掘”番組です。
①１月12日　②札幌市生まれ　③ピアニスト　④Ａ型　⑤レコードいじり　⑥—　⑦努力に勝る天才なし　⑧HBCラジオ「ベストテンほっかいどう」、NHK-FM「ひるの歌謡曲」、ニッポン放送「オールナイトニッポン」　⑨曲＝山口百恵「さざやかな欲望」　⑩“歌謡曲馬鹿”らしく、これからも歌謡曲を愛して参ります。

吉田 朋子（よしだ・ともこ）

担当番組／DJ762「サーフィンラビットステーション」 毎週金曜8：00～9：00 番組内容／山下達郎ファン4名がそれぞれ得意とするジャンルで構成する音楽番組です。

①5月16日 ②浦臼町生まれ ③国際・国内会議のディレクター、通訳 ④AB型 ⑤音楽鑑賞 ⑥無類のネコ好きなので、ネコの頭の中が八割方わかります ⑦夜明け前が一番暗い ⑧TOKYO FM「山下達郎のサンデー・ソングブック」、NHKラジオ「松尾潔のメロウな夜」など多数 ⑨曲＝荒井由実「12月の雨」 ⑩何年経ってもつたない喋りでお恥ずかしい限りですが、選曲には自信があります。つないだ音楽だけで季節や情景を伝えられるようになりたい！という願いを胸に、これからも精進して参ります。

吉田 忠則（よしだ・ただのり）

P net's

担当番組／Pnet's（ピーネッツ）サウンド シャッフル 第4土曜15:00～16:00（三角山リレーエッセイ） 番組内容／音楽番組ですが、スポーツ、時には政（まつりごと）的な話題も取り上げています。

①8月10日 ②札幌市西区琴似生まれ ③SI（システムインテグレーション）関係のマネージャー ④AB型 ⑤バンド活動（ドラム）、バイクなど ⑥『35年目のリクエスト 亀渕昭信のオールナイトニッポン』に私のコメントが掲載されていること ⑦面白きこともなき世を面白く住なすものは心なりけり（高杉晋作） ⑧TBSラジオ「永六輔の誰かとどこかで」など ⑨本＝司馬遼太郎『竜馬がゆく』、曲＝さだまさし「案山子」 ⑩今年で16年目。まだまだやれそうです。

吉田 重子（よしだ・しげこ）

担当番組／音を頼りに、音便り 第2土曜15：00～16：00（三角山リレーエッセイ） 番組内容／世の中に怒ったり、コンサートを楽しんだり、諸々つぶやいています。

①2月29日 ②札幌市生まれ ③生徒たちと一緒に勉強しています ④A型 ⑤― ⑥片付けられない女 ⑦いいかげんに頑張る ⑧TBSラジオ「荻上チキSession-22」 ⑨曲＝加川良「教訓Ⅰ」 ⑩よく言えば知的好奇心がある、悪く言えば何にでも関わろうとする。

米澤 美代子（よねざわ・みよこ）

担当番組／三角山タウンボイス アナタが主役 毎週月曜13：00～15：00 番組内容／ちょっと笑えて、時々役立つ情報もお伝えしています。他局では、あまりかからないような曲もたまにかけます。

①5月12日 ②札幌市生まれ ③主婦 ④A型 ⑤猫を愛でる、カラオケ、絵を描くこと ⑥竹馬 ⑦言葉には人の心を支え、人生を開く力がある ⑧STVラジオ「アタックヤング」 ⑨曲＝エレファントカシマシ「リッスントゥザミュージック」 ⑩自分の思いを飾ることなくお話しさせていただいています。どうぞご贔屓に！

米沢 和也（よねざわ・かずや）

担当番組／ALSのたわごと 第4土曜13：00～14：00（三角山リレーエッセイ） 番組内容／私自身がALS患者なので、日頃感じる不安や不便さなどと治療法の開発状況などの情報を話しています。

①7月7日 ②千歳市生まれ ③無職 ④A型 ⑤音楽鑑賞。発病する前はアコースティック・ギター、ゴルフ、ドライブ ⑥京都で20年ほど生活していたことぐらい（笑） ⑦― ⑧ニッポン放送「オールナイトニッポン」 ⑨曲＝佐々木幸男「君は風」 ⑩番組を支えてくれている「チームたわごと」の皆さんに感謝の日々です。何も取り柄のない私を迎え入れてくれてありがとうございます。

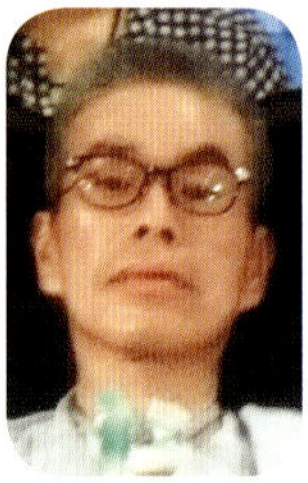

吉田ひろみ（よしだ・ひろみ）

担当番組／トークinクローゼット 毎週水曜9：00～12：00 番組内容／例えるなら、噛めば噛むほど味のある“スルメのような番組”を目指しています。

①11月22日 ②札幌市生まれ ③フリーアナウンサー ④A型 ⑤HULA、国内・海外問わず旅先でのはしご酒、韓流ドラマ鑑賞、家庭菜園 ⑥意外と料理上手。飲んでばかりではありません（笑）。薬膳食育良法士。少林寺拳法初段 ⑦一期一会一笑 ⑧STVラジオ「アタックヤング」からのニッポン放送「オールナイトニッポン」 ⑨曲＝山本リンダ「じんじんさせて」 ⑩師匠はミッキーマウス！とにかく笑顔が大好き、楽しいことが大好きです。チャングンソクとの妄想ストーリーを描いてニヤニヤしています。

三角山放送局のスタッフ

日々の仕事に追われながら、ひたむきに
“ラジオ愛”を貫き、「いっしょに、ねっ！」の舞台を
支えているスタッフの面々をご紹介。

杉澤 洋輝（すぎさわ・ひろき）
2008 年より社長
和寒町出身、A 型。小 6 からエアチェック小僧。ハジレコはイモ欽トリオ「ハイスクールララバイ」。音楽全般を愛し、特に大瀧「ロンバケ」、聖子「ユートピア」、ザ・スミスを愛聴。映画化したいのは沢木耕太郎「テロルの決算」。担当番組は「レコードアワー」（毎週月曜 7:00 ～ 8:00）。

田島 美穂（たしま・みほ）
放送局長
岡山県津山市出身ですが、母は道産子。B 型、さそり座。北の大地に憧れて、北海道での生活をスタート。2002 年入社。サンカフェのウェイトレスとして働き始め、徐々にラジオ業務を担当。町内会の取り組みや地域のニュースなどコミュニティ FM ならではの情報発信に楽しさを感じています。

割野 雄太（わりの・ゆうた）
営業担当
札幌市生まれの札幌育ち、B 型。入社 11 年。最近はなかなか放送に携わる機会がありませんが、皆様にご指導いただきながら、普段は営業やイベントの仕事をしています。ドラゴンボールが好きな人、かまわん、メシ行こう！

伊藤 駿介（いとう・しゅんすけ）
営業担当
札幌市生まれ、B 型。普段は営業をしています。土曜日はリレーエッセイのスタッフを担当。昔聞いていたラジオは「桑田佳祐のやさしい夜遊び」、「爆笑問題カーボーイ」。あまり放送に登場しませんが、意外とスタジオをうろうろしている中年です。担当番組は「アイドルー直線」（不定期）、「医学ひとくち講座」（第 2・4 木曜 9:30 ～ 9:40）。

山形 翼（やまがた・つばさ）
制作担当
札幌市生まれ西区育ちの AB 型。カラオケの十八番は「もののけ姫」（米良美一）。合唱で鍛え上げた喉と表情筋を活かした張りと艶のある「声」で、愛する西区の魅力や地域のお役立ち情報を発信します！　担当番組は「トーク in クローゼット」（毎週火曜 9:00 ～ 12:00）、「Radio CONSADOLE」（第 2・4 金曜 11:30 ～ 12:00）。

渡辺 望未（わたなべ・のぞみ）
制作・営業担当
札幌市生まれ、O 型。子供の頃からラジオ好き。大学 3 年生の時にコミュニティ放送に興味を持ち、三角山放送局へインタビュー取材させてもらったことをきっかけに、この道を志しました。入社 2 年目。趣味は味噌作りで、三年味噌を作ることが目標。担当番組は「トーク in クローゼット」（毎週金曜 9:00 ～ 11:30）、「ご近所Radio」（毎週水曜 15:00 ～ 17:00）。

渡邊 栄悦（わたなべ・えいえつ）
発寒商店街

担当番組／西区商店街・商店会アワー　木曜 15：00 ～ 15：30　番組内容／発寒、発寒北、八軒、琴似の各商店街のメンバーが、それぞれの街の店紹介や情報を発信する番組。

①５月２日　②札幌市生まれ　③布団店経営　④B 型　⑤麻雀　⑥ —　⑦一生懸命　⑧ —　⑨ —　⑩ —

＊この名鑑は、2019 年 3 月現在放送中の番組でパーソナリティを務める方に限って掲載しました。編集部の手違いで掲載漏れがあった場合は、どうかご容赦ください。

福田浩三さんの思い出

担当番組／耳をすませば（1998 ～ 2013 年）
2013 年 10 月 7 日逝去、享年 81

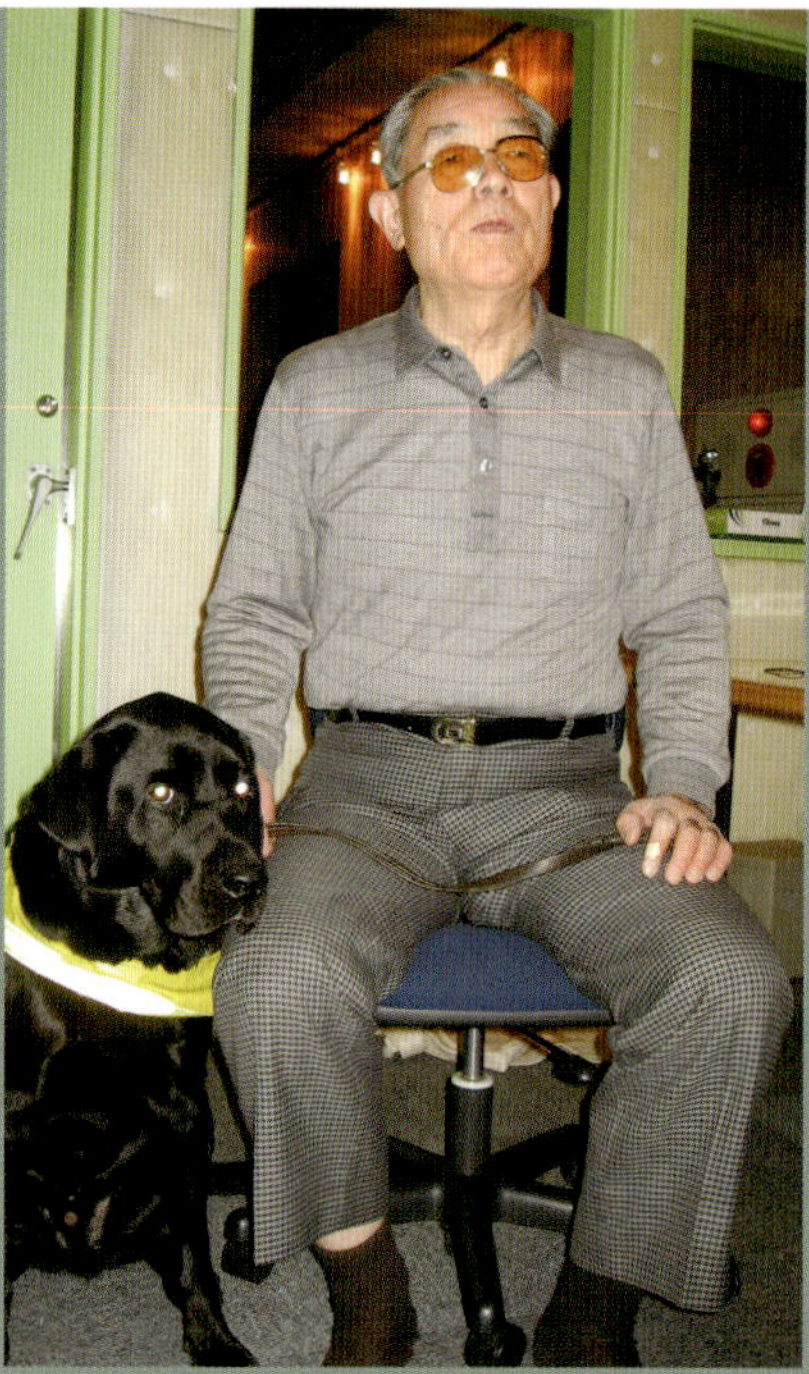

政治や世の中の出来事に厳しく意見していた福田さん。いつも最新ニュースを取り上げ、ディレクター用に手書きのメモを用意してくれました。目が不自由な福田さんにとって、それは大変な労力だったと思います。関西弁で世の中を鋭く斬り、熱くなるとディレクターの合図に気づかないことも。ただ厳しいだけではなく、愛のある言葉にファンも多く、つい聴き入ってしまう番組でした。相棒となった盲導犬のセディーのことを「孫が出来たみたい」と顔をほころばせていたのも印象的です。愛情深く可愛がられたセディーは幸せだったと思います。今は福田さんもセディーも天国にいますが、きっと放送局を見守ってくれているはず。亡くなる直前の 10 月 3 日まで放送していた福田さん、おおきに。（by 田島美穂）

矢満田静子さんの思い出

担当番組／おばあちゃんの独り言
（2001 ～ 2005 年）
2005 年 7 月 27 日逝去、享年 70

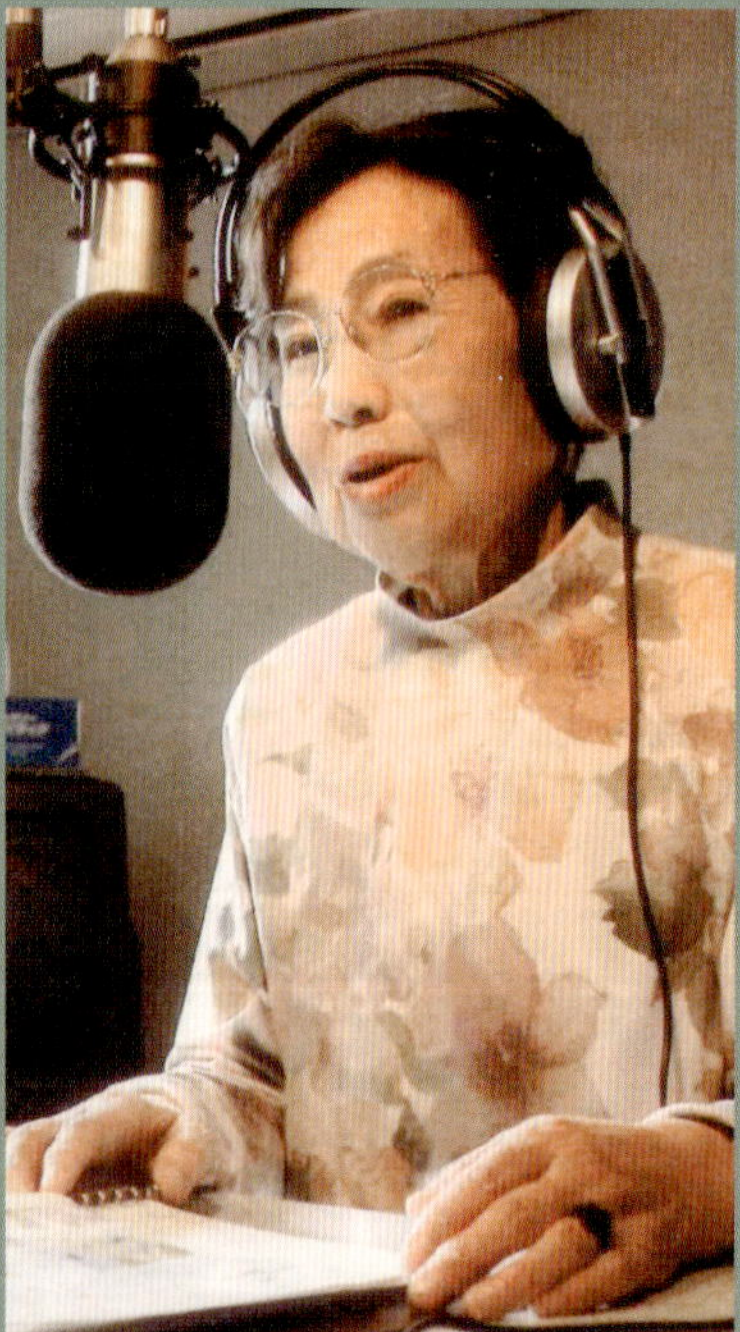

木曜朝 8：20 から 30 分間。それが矢満田さんのいつもの時間でした。季節のこと、家族のことや身の回りの出来事、社会や政治の気になるニュースなど話題は多岐にわたりました。特に印象的なのは、その記憶力。紋別の農家に生まれた子ども時代を活き活きと綴っていました。まさに「永遠の文学少女」。文学や詩歌についても造詣が深く、繰り出す言葉のチョイスにも、らしさを感じるしゃべり手でした。がんが再発した 2005 年、2 月の放送でがんと共に生きることを、ラジオで伝え続ける決心をします。6 月末の放送でお休みし「涼しくなる 9 月頃にまた来ます。待っていてくださいね」と言った後、「必ず戻ってきますから！」と涙声で絞り出した一言。矢満田さんにとって、ラジオで流れた最後の言葉となりました。（by 杉澤洋輝）

斉藤征義さんの思い出

担当番組／穂別の斉藤です（2001 ～ 2017 年）
※途中お休みあり
2019 年 1 月 6 日逝去、享年 75

北海道地域づくりアドバイザーとして、木原くみこととともに道内文化振興の一翼を担った斉藤さん。1999 年には北海道詩人協会賞を受賞、宮沢賢治研究でも知られました。穂別のお年寄りたちで映画を作るという「田んぼ de ミュージカル」シリーズで、斉藤さんは事務局長と脚本を手掛け、世界中を驚かせます。開局 15 周年事業として、1 週間にわたり 4 部作一挙上映を敢行した際、「えっ、そんなことやってくれるの？」と照れながらも瞳の奥でニンマリと笑う斉藤さんの表情が忘れられません。

渋くて優しいお声の成分には、人を虜にする芳醇な響きがあり、私にとって斉藤さんの声は唯一無二でした。ラジオドラマの語りをお願いした時も二つ返事で快諾。2010 年北海道文化賞受賞の際、「木原さんに授賞式に来てほしいんだよね」と電話をくれました。仲良しだった二人は、きっと天国で昔話に花を咲かせていることでしょう。（by 杉澤洋輝）

久住邦晴さんの思い出

担当番組／読書でラララ（1999 ～ 2012 年）
2017 年 8 月 28 日逝去、享年 66

木原くみこが開局を考えていた時、真っ先に相談したのが久住さん。「くすみ書房」は書店の枠を超えて西区の文化の象徴でもありました。「本とラジオは相性がいい。本を紹介する番組をやってほしい」と相談した私に「じゃ、やってみようかな」といつもの軽やかな口調で応諾してくれました。あの優しい語り口は多くのファンを獲得。ひと月に数十冊も雑誌を頼んでいた私に、いつも本を届けてくれました。その後は「売れない文庫フェア」「中学生はこれを読め！」などの革新的な企画で全国区の本屋さんに。琴似のまちづくりもリードしました。2009 年、大谷地移転の際には、くすみ書房を存続させられない西区民としての自分を責めたりもしました。久住さんの取り組みは今もなお数多くの書店に影響を与え続けています。（by 杉澤洋輝）

故木原くみこが生前の活動を評価され、北海道文化財団アート選奨特別賞を受賞

今年1月に亡くなった株式会社らむれす（三角山放送局）代表取締役会長の木原くみこに対して、2019年3月15日、公益財団法人北海道文化財団より、平成30年度のアート選奨特別賞（KI賞）が贈られました。

この賞は、同財団理事長の磯田憲一氏による指定寄付を基に創設された「アート選奨K基金事業」によるもの。道内の文化芸術活動の中で特筆すべき活動を行い、その振興発展にとって「敬愛」すべき役割を果たした個人や団体が対象となります。

今回の特別賞は、生前のピンクリボン活動や障がいのある人もない人も共に楽しむ「いっしょにね！文化祭」など、コミュニティ放送局が果たすべき地域活動や地域活性化を実践したことが評価され、受賞したものです。贈呈式には、亡き木原会長に代わって社長の杉澤洋輝が遺影を携えて出席し、受賞盾を受け取りました。

同時に、三角山放送局でパーソナリティを務めてくださり、今年1月に逝去された斉藤征義さん（「田んぼdeミュージカル」脚本家）にも、木原と同じアート選奨特別賞が贈られています。奇縁ともいえる同時受賞は、生前親しかった二人の深い縁を感じさせました。

北海道文化財団アートスペースで行われた贈呈式にて。写真後列左が、木原会長に代わって出席した社長の杉澤（写真提供：公益財団法人北海道文化財団）

追悼エッセイ

貴女は、戦友だった。

和田由美

入院前のインタビューが最後に

正月の３日、突然の訃報が届いた。かねてから闘病中ではあったが、気丈夫な木原くみこさんのことだから、心のどこかで回復してくれると信じていた私は、ただうろたえるばかり。入院前に行ったインタビューの日、寒い屋外で撮影時間が長引いたせいではないかとか、病院へ行ってひと目でも会っておけば良かったとか、悔いばかりが残ってしまう。入院の前日、本書に掲載したインタビューと撮影を終えていたのは、運命的だったのかもしれないと思ったりもした。

というのも、取材の前の週に彼女から電話があり、11月６日火曜日の予定だった取材を入院前、もしくは退院後に変更したいという。最初は入院が1週間と聞いたので退院後に設定したが、虫の知らせでカメラマンとインタビュアーの都合も聞いて入院前日の５日に変更した。思えば、それが彼女の元気な姿を見た最後となった。

その日の彼女は、いつもより顔色が悪く、最初の洋服も素敵だったけれど首回りが寂し気なので、「アクセサリーをつけた方がいいんじゃない？」と私としては珍しくアドバイス。すると彼女は、すぐ近くにある自宅マンションへ戻り、買ったばかりという可愛らしい洋服に着替えてくれた。それを見たカメラマンや取材スタッフも乗ってくれて、魅力的なカットがたくさん撮影できたのだ。嗚呼、それなのに——。

通夜だけで５００人余りが参列

木原さんは２０１９年1月2日、入院中の東札幌病院で永眠された。享年67。通夜は夫の淑行さんが喪主となり、1月5日土曜日の午後6時より、西区の博善斎場で行われた。収容人数３００人のところ５００人余りの参列者が集まり、２００人近くが立ち見となった会場は人で溢れんばかり。放送業界はもとより音楽、出版、医療、飲食店などジャンルは幅広く、その参列者の多さに誰もが驚かされた。翌日の告別式にも約３００人が参列し、故人の人望に依ることはもちろんのこと、戦い半ばともいえる早い死に、無念の思いに駆られていた人が、いかに多かったかが窺える。しかも葬儀の祭壇は、正月休み中だったこともあり、白い花だけで埋まらず赤や黄色の可愛い花もたくさん使われ、とても華やかだった。派手なことが大好きだった彼女にふさわしい葬儀で、私にとって一生忘れられないものとなった。

初めての取材は『札幌青春街図』だった

思い起こせば、かつてベストセラーとなった『札幌青春街図』（１９８４年版）で私が無謀にも企画した「50人が選んだ飲み屋のここがイイ」にも、木原さんに登場いただいた。これは、占い師から芸者さんまで50の違う職業の人にインタビューして、好きな酒場を語ってもらうというもの。その時、木原さんには、ＳＴＶラジオのディレクターとして登場してもらった。

――細身の体に似合わずハードに仕事をこなす凄腕ディレクター。かつての人気番組「奥様ジャーナル」（大沢宏一で3年、喜瀬ひろしで5年）を経てただ今、「じゅんきのはりきり8丁目」を担当。知る人ぞ知る人気ラジオ番組の陰の仕掛人なのである。（中略）放送局の人というのは男であれ女であれ、特有の匂いがしみついているものだが、この人には透明感があるから不思議。実力があればこその余裕かもしれない――と私は32年前に書いた。

以来、彼女はラジオの世界を突っ走る。河村通夫さんや田中義剛さんなど人気パーソナリティを何人も育て、放送界のアカデミー賞と呼ばれるギャラクシー賞も受賞。その存在感は深まるばかりだったが、彼女の透明感は変わらず、いつもオシャレな洋服に身を包み、清々しいスタイルで仕事をこなしていた。

4度も巻き込まれた裁判でも、〝昭和のジャンヌ・ダルク〟というイメージさながらに闘っていた。常々、彼女の反骨精神の根っこはどこにあるのかと思っていたら、本書の打ち合わせ時に「実はルーツは会津なの」と恥じらいながら語ってくれた。最後まで徳川幕府を守り続け、戊辰戦争で負けた会津藩をルーツに持つというのだ。１９９８年に47歳で、果敢にも三角山放送局を立ちあげた彼女の独立心旺盛なＤＮＡは、そこにあったのだと知った。

ちなみに私が小さな出版社「亜璃西社」を創立したのは１９８８年、38歳の時だった。彼女と私は、生い立ちと業界こそ違うが、女社長として会社を営むという点では同じ。人に言えない苦労がたくさんあるからこそ、会社経営を続けた彼女と私は戦友ともいえるのだ。そんな彼女の遺志を継いで、私はもう少しこの世で頑張ってみようと思う。後から追いかけて行くから、もう少し待っていてください。

（出版「亜璃西社」代表／エッセイスト）

中田美知子さんによる弔辞（抜粋）

癌の骨転移を告げてからのあなたは本当に会うたびに愛らしく、少女のような笑顔とお洋服でした。川久保玲の服が好きで、コムデギャルソンで購入したと教えてくれました。「私たちの年齢に、黒く染めた髪は似合わない」と、自然の色に戻して、これからは金髪のウィッグで遊ぼうと言っていました。

なのに、突然逝ってしまうなんて。

あなたとの思い出は、STVラジオの「日曜8時はおんな時刻」でした。女性ばかりのスタッフ、出演者で番組を制作したことです。ディレクターは木原さん、出演者は私、ミキサーもアシスタントも全員女性という、30年前としては珍しい企画でした。

アナウンサーはディレクターの指示通りにしゃべるものと思い込んでいた私に、「企画会議で意見を言い、マイクの前では自然体でいていいんだ」と教えてくれました。

木原さんの番組制作は独特です。そしてなぜか一緒に作っているだけで、自分の知らなかった何かが引き出されて行くのです。だから、あなたのまわりには人が集まり、あなたの近くで人が育っていったのです。

その後、あなたはＳＴＶを辞め、ひとつの放送局を立ち上げ、三角山放送局と名付けました。障がいを持つ人も、そうでない人も、女性も、高齢者も、自分の意見を発信していきました。脊椎損傷の人でも息をふっと吹くだけで、オン・オフが自分でできる放送機材の開発まで手がけました。

去年の春、桜の花見を女友達4人でしたことも忘れられません。一緒に行けて良かった。あの時のあなたはうれしそうでした。来年も行こうね！　と言っていたのに……。

今年はあなたが教えてくれた果物の店に行き、あなたの代わりにイチゴを買い、「くみこの桜」と名付けたあの天神山の枝垂れ桜を見ながら、3人で花見をします。

あなたの旦那さまと話していたら、いつも「しわくちゃの婆さんになるのは嫌だ」と言っていたそうですね。

その言葉通り、あなたはピンと張りつめたお肌のまま亡くなりました。でも、しわくちゃの婆さんになったあなたと、35年近くをともに過ごしてきたあの4人で、もう少し一緒にいたかったなぁ。

安らかにお眠りください

木原くみこさん、さようなら

（元エフエム北海道常務取締役・パーソナリティ／現札幌大学客員教授）

編集を終えて

本書を手に取り、お読みくださったみなさま、ありがとうございました。

1998（平成10）年4月1日の開局日は水曜日、春寒ともいえる猛吹雪の朝でした。あの日から20年――。この本は、小さな制作プロダクションが作った小さな放送局が、20年間踏ん張り続けた記録でもあります。創業者であり開局時の社長であった木原くみこと私たちスタッフのラジオにかける想いが、少しでもみなさんに伝わればうれしく思います。

副題の「開局20年のキセキ」は、これまでの〝軌跡〟と、ここまで続けられた〝奇跡〟をかけたもの、と木原が笑っていたことが思い出されます。その創業者である木原が今年逝ってしまったことで、みなさまから「大丈夫？」「大変でしょう？」と心配の声をたくさんいただきました。本当にありがたいことです。

しかし、「いっしょに、ねっ！」をキャッチフレーズに、わたしたち三角山放送局が地域の人々と実践してきたコミュニティラジオとしての活動は、まだ道半ばであり、今後も弛まず続けていかなくてはなりません。そして、障がいのある方、性的マイノリティの方、外国人やお年寄り、子どもたちの声を積極的に発信することは、もう一つの理念でもあります。

木原が起こした数々の活動を継続たらしめているのは、当然ながら、三角山放送局の運営会社である「らむれす」の社員による不断の努力であり、いつも元気な番組を届けてくれる市民パーソナリティのみなさん、応援してくださる地域リスナーのみなさん、そして惜しみない支援をくださるスポンサー各社の存在があってのことです。

わたしたちは木原の志を受け継ぎ、次なる10年に向けてさらなる地域活動の拠点としての役割を担いながら、地域のみなさんやスポンサー各社にとってかけがえのない存在となり、社員やパーソナリティが誇りに思える放送局になることを目標に、これからも地域をかき混ぜ、人々をつなぐ役割を果たしてまいります。

本書の制作にあたっては、亜璃西社の和田由美さん、ライターの葛西麻衣子さん、デザイナーの江畑菜恵さんより、さまざまなご助言、ご助力をいただきました。心より感謝申し上げます。また、制作にお力添えをくださった関係者のみなさまに、この場を借りてお礼を申し上げます。

30年目に向けて歩み始めた三角山放送局へ、引き続き変わらぬご支援をくださいますよう、心よりお願い申し上げます。

令和元年6月　㈱らむれす・三角山放送局一同